全国高等院校土建类应用型规划教材
住房和城乡建设领域关键岗位技术人员培训教材

工程测量

主　　编： 陈斯亮　董　君

副 主 编： 朱　琳　林　丽

组编单位： 住房和城乡建设部干部学院
　　　　　　北京土木建筑学会

中国林业出版社

图书在版编目（CIP）数据

工程测量／《住房和城乡建设领域关键岗位技术人员培训教材》编写委员会编. — 北京：中国林业出版社，2017.7

住房和城乡建设领域关键岗位技术人员培训教材

ISBN 978-7-5038-9180-9

Ⅰ. ①工… Ⅱ. ①住… Ⅲ. ①工程测量－技术培训－教材 Ⅳ. ①TB22

中国版本图书馆 CIP 数据核字（2017）第 171899 号

本书编写委员会

主　编：陈斯亮　董　君

副主编：朱　琳　林　丽

组编单位：住房和城乡建设部干部学院、北京土木建筑学会

————————————————————

国家林业和草原局生态文明教材及林业高校教材建设项目

策　　划：杨长峰　纪　亮

责任编辑：陈　惠　王思源　吴　卉　樊　菲

————————————————————

出版：中国林业出版社

　　　（100009 北京西城区德内大街刘海胡同 7 号）

网站：http：∥lycb. forestry. gov. cn/

印刷：固安县京平诚乾印刷有限公司

发行：中国林业出版社发行中心

电话：(010)83143610

版次：2017 年 7 月第 1 版

印次：2018 年 12 月第 1 次

开本：1/16

印张：13.75

字数：220 千字

定价：55.00 元

编写指导委员会

前　　言

"全国高等院校土建类应用型规划教材"是依据我国现行的规程规范，结合院校学生实际能力和就业特点，根据教学大纲及培养技术应用型人才的总目标来编写。本教材充分总结教学与实践经验，对基本理论的讲授以应用为目的，教学内容以必需、够用为度，突出实训、实例教学，紧跟时代和行业发展步伐，力求体现高职高专、应用型本科教育注重职业能力培养的特点。同时，本套书是结合最新颁布实施的《建筑工程施工质量验收统一标准》（GB50300－2013）对于建筑工程分部分项划分要求，以及国家、行业现行有效的专业技术标准规定，针对各专业应知识、应会和必须掌握的技术知识内容，按照"技术先进、经济适用、结合实际、系统全面、内容简洁、易学易懂"的原则，组织编制而成。

考虑到工程建设技术人员的分散性、流动性以及施工任务繁忙、学习时间少等实际情况，为适应新形势下工程建设领域的技术发展和教育培训的工作特点，一批长期从事建筑专业教育培训的教授、学者和有着丰富的一线施工经验的专业技术人员、专家，根据建筑施工企业最新的技术发展，结合国家及地方对于建筑施工企业和教学需要编制了这套可读性强，技术内容最新，知识系统、全面，适合不同层次、不同岗位技术人员学习，并与其工作需要相结合的教材。

本教材根据国家、行业及地方最新的标准、规范要求，结合了建筑工程技术人员和高校教学的实际，紧扣建筑施工新技术、新材料、新工艺、新产品、新标准的发展步伐，对涉及建筑施工的专业知识，进行了科学、合理的划分，由浅入深，重点突出。

本教材图文并茂，深入浅出，简繁得当，可作为应用型本科院校、高职高专院校土建类建筑工程、工程造价、建设监理、建筑设计技术等专业教材；也可做为面向建筑与市政工程施工现场关键岗位专业技术人员职业技能培训的教材。

目　　录

第一章 基础知识

第一节 测量概述

一、测量学与工程测量

测量学是研究地球的形状与大小，确定地球表面各种物体的形状、大小和空间位置的科学。

测量学的主要内容包括测定和测设两部分。

测定是指利用测量仪器和工具将地物或地貌按一定的比例进行缩放，并按规定的符号绘制成地形图，供规划设计、工程建设和国防建设使用。

测设是将在地形图上设计出的建筑物和构筑物的位置在实地标定出来，作为施工的依据，测设在工程上也称为放样或放线。

工程测量研究工程建设在勘测设计、施工和运营管理各个阶段所进行的各种测量工作。工程测量工作贯穿整个工程建设的始终。工程测量是一门应用学科，其研究对象涵盖建筑、水利、公路、铁路、桥梁、隧道、管道、矿山等各种工程施工的测量工作。

二、我国工程测量现状与发展

1. 我国工程测量的现状

20 世纪 80 年代以来出现许多先进的地面测量仪器，为工程测量提供了先进的技术工具和手段，如光电测距仪、精密测距仪、电子经纬仪、全站仪、电子水准仪、数字水准仪，为工程测量向现代化、自动化、数字化方向发展创造了有利的条件，改变了传统的工程控制网布网、地形测量、道路测量和施工测量等的作业方法。三角网已被三边网、边角网、测距导线网所替代；光电测距三角高程测量代替三、四等水准测量；具有自动跟踪和连续显示功能的测距仪用于施工放样测量；无需棱镜的测距仪解决了难以攀登和无法到达的测量点的测距工作。

随着定位技术的出现和不断发展完善，测绘定位技术发生了革命性的变革，为工程测量提供了崭新的技术手段和方法。长期使用的以测角、测距、测水准为主体的常规地面定位技术,正在逐步被以一次性确定三维坐标的高速度、高精度、费用省、操作简单的 GPS 技术代替。

在我国,定位技术的应用已深入各个领域,国家大地网、城市控制网、工程控制网的建立与改造已普遍地应用此技术,在高速公路、地下铁路、隧道贯通、建筑变形、大坝监测、山体滑坡、地震的形变监测、海岛或海域测量等方面也已广泛地使用此技术。

数字化测绘技术在测绘工程领域的广泛应用使大比例尺测图技术向数字化、信息化发展。随着电子经纬仪、全站仪的应用和 CEOMAP 系统的出现使野外数据采集的先进设备与微机及数控绘图仪三者结合起来,形成一个从野外或室内数据采集、数据处理、图形编辑和绘图的自动测图系统。

20 世纪 80 年代以来,我国数字化测绘技术的开发研究和应用发展很快,成效显著。1987 年北京市测绘设计研究院在国内首先完成了"大比例尺数字化测图系统"(DGJ)的软件开发,并通过技术鉴定,1990 年被建设部列为第一批技术推广应用项目之一,在 80 多个城市及工程测量单位推广应用。同时又有十几个大专院校、仪器公司和工程测量单位,先后开发和研制出多个类似的数字测图系统软件。

由于高质量、高精度的摄影测量仪器的研制生产,结合计算机技术的应用,使得摄影测量能够提供完全的、实时的三维空间信息,已越来越广泛地在城市和工程测绘领域中得以应用。摄影测量不仅不需要接触物体,而且减少了外业工作量,具有测量高效、高精度,成果品种繁多等特点,在城市和工程大比例尺地形测绘、地籍测绘、公路、铁路、建筑物变形监测中都起到了一般测量难以起到的作用,具有广泛的应用前景。全数字摄影测量工作站的出现,为摄影测量技术应用提供了新的技术手段和方法,该技术已在一些大中城市和大型工程勘察单位被引进和应用。

2. 工程测量发展展望

随着科学的进步,工程测量学必将在以下几个方面取得快速的发展:

测量机器人将作为多传感器集成系统在人工智能方面得到进一步发展,其应用范围将进一步扩大,影像、图形和数据处理方面的能力进一步增强。

在变形观测数据处理和大型工程建设中,将发展基于知识的信息系统,并进一步与大地测量、地球物理、工程与水文地质以及土木建筑等学科相结合,解决工程建设中以及运行期间的安全监测、灾害防治和环境保护的各种问题。

大型复杂结构建筑、设备的三维测量、几何重构及质量控制将是工程测量学发展的一个特点。

多传感器的混合测量系统将得到迅速发展和广泛应用,如 GPS 接收机与电子全站仪或测量机器人集成,可在大区域乃至国家范围内进行无控制网的各种测量工作。

GPS、GIS(地理信息系统)技术将紧密结合工程项目,在勘测、设计、施工管理一体化方面发挥重大作用。

三、工程测量的任务及作用

工程测量按其对象分为工业建设工程测量、城市建设工程测量、公路铁路工程测量、桥梁工程测量、隧道与地下工程测量、水利水电工程测量、管线工程测量等。根据不同的施测对象和阶段,工程测量具有以下任务:

(1)勘测设计阶段需要测绘各种比例尺地形图,供规划设计使用;

(2)施工建造阶段需要将图纸上设计好的建筑物、构造物、道路、桥梁及管线的平面位置和高程,运用测量仪器和测量方法在地面上标定出来,以便进行施工;

(3)工程结束后,需要进行竣工测量,供日后维修和扩建用,对于大型或重要建筑物、构造物还需要定期进行变形观测,确保其安全。

测绘技术及成果应用十分广泛,对于国民经济建设、国防建设和科学研究起着重要的作用。国民经济建设发展的整体规划,城镇和工矿企业的建设与改(扩)建,交通、水利水电、各种管线的修建,农业、林业、矿产资源等的规划、开发、保护和管理,以及灾情监测等都需要测量工作;在国防建设中,测绘技术对国防工程建设、战略部署和战役指挥、诸兵种协同作战、现代化技术装备和武器装备应用等都起着重要作用;对于空间技术研究、地壳形变、海岸变迁、地极运动、地震预报、地球动力学、卫星发射与回收等科学研究方面,测绘信息资料也是不可缺少的。同时,测绘资料是重要的基础信息,其成果是信息产业的重要组成部分。

测绘科学的各项高新技术在工程测量中得到了广泛应用。在工程建设的规划设计阶段,各种比例尺地形图、数字地形图或有关 GIS 已用于城镇规划以及总平面设计等,以保障建设选址得当,规划布局科学合理;在施工阶段,特别是大型、特大型工程的施工,GPS 技术和测量机器人技术已经用于高精度建(构)筑物的施工测设,并适时对施工、安装工作进行检验校正,以保证施工符合设计要求;在工程管理方面,竣工测量资料是扩建、改建和管理维护必需的资料;对于大型或重要建(构)筑物还要定期进行变形监测,以确保其安全可靠;在土地资源管理方面,地籍图、房产图对土地资源开发、综合利用、管理和权属确认等方面具有重要作用。

四、测量工作的基本原则

1. 从整体到局部,先控制后碎部

如图 1-1 所示,为了测绘地形图或放样,首先要在测量区内布设 6 个有控制

作用的点 A、B、C、D、E、F(称为控制点),然后根据已知数据计算出这 6 个点的坐标和高程,最后再根据控制点进行地形图测绘或放样。这样可以减小测量误差,避免误差积累。测量 6 个控制点位置的工作称为控制测量。

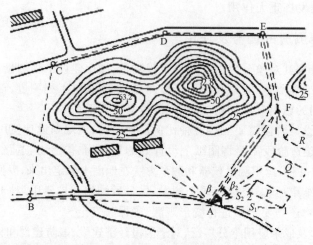

图 1-1 测绘地形图或放样

2. 边工作边校核

在测量工作中,观测的每一步骤,都要对观测数据的正确性和精度进行计算检核,做到发现问题及时重测,避免窝工,这样才能保证测量工作成果的准确性和可靠性。

五、施工测量的内容

1. 施工前施工控制网的建立

(1)施工的控制,可利用原区域内的平面与高程控制网作为建筑物构筑物定位的依据。当原区域内的控制网不能满足施工测量的技术要求时,应另测设施工的控制网。

(2)施工平面控制网的坐标系统应与工程设计所采用的坐标系统相同。当原控制网精度不能满足需要时,可选用原控制网中个别点的坐标和方位作为施工平面控制网坐标和方位的起算数据。

(3)控制网点应根据总平面图和现场条件等测设应满足现场施工测量要求。

2. 建筑物定位、基础放线及细部测试

工业与民用建筑在施工的建筑物或构筑物外围应建立线板或控制桩。线板应注记中心线编号并测设标高。线板和控制桩应注意保存。

3. 竣工图的绘制

竣工总图的实测应在已有的施工控制点下进行。当控制点被破坏时,应进行恢复。恢复后的控制点点位应保证所施测细部点的精度。

4. 施工和运营期间,建筑物的变形观测

(1)大型或重要工程建筑物、构筑物在工程设计时,应对变形测量统筹安排。施工开始时就应进行变形测量。

(2)变形测量点宜分为基准点、工作基点和变形观测点。变形测量的观测周期应根据建筑物、构筑物的特征、变形速率、观测精度要求和工程地质条件等因素综合考虑。观测周期应根据变形量的变化情况适当调整。

(3)施工期间的建筑物沉降观测周期,高层建筑每增加 1～2 层应观测 1 次;其他建筑的观测总次数不应少于 5 次。竣工后的观测周期可根据建筑物的稳定情况来确定。

(4)建筑物、构筑物的基础沉降观测点应埋设于基础底板上。在浇灌底板前和基础浇灌完毕后应至少各观测 1 次。

六、施工测量的重要意义

精心设计的建筑物必须通过精心施工才能实现。要做到精心施工,必须依靠施工测量提供的各种施工标志。施工测量作为一种控制手段无论是在房屋建筑的场地平整,基槽开挖,基础和主体的砌筑,构件安装和屋面处理中还是在烟囱、水塔施工及管道敷设等工程的施工中都有着十分重要的实际意义。施工测量贯穿于整个施工的全过程。可以这样说,不进行测量施工就无从做起。

施工单位在接到工程任务后,测量人员往往是先进场。工程竣工后为检测施工的质量又常常是最后撤离施工现场。担负施工测量的广大测量人员是工程建设的"开路先锋",是确保工程质量的"千里眼"。为此,施工测量人员必须明确自己工作的重要意义,牢记自己的职业道德——实事求是、认真负责、为配合施工作出应有的贡献。

第二节 测量坐标系及地面点位的确定

一、测量坐标系

欲确定地面点的位置必须建立坐标系,建筑工程中的坐标系主要有大地坐标系、平面直角坐标系、高斯平面直角坐标系、空间直角坐标系等。

1. 大地坐标系

大地坐标系采用经纬度来表示地面点的投影位置。它表示出物体在地面上的位置,能明确显示出地物的方位,经线与南北方向相应,纬线与东西方向相应。由于地球的自然特性,可以利用经差表示时差,利用纬度表示地理现象所处的地理带大地坐标系可以被用来研究气候、土壤、植被等空间分布的规律。

2. 平面直角坐标系

地区平面直角坐标系也叫独立坐标系。城市的平面直角坐标系通常以城市中心地区某点的子午线作为中央子午线并且将坐标原点移入测区之内,据此进行高斯投影建立坐标系,这样的坐标系称为地区平面直角坐标系。

在地区平面直角坐标系中,规定南北方向为纵坐标轴记作 x 轴,x 轴向北为正,向南为负;以东西方向为横坐标轴记作 y 轴,y 轴向东为正,向西为负;坐标原点 O 一般选在测区的西南角使测区内各点的 x、y 坐标均为正值,如图 1-2(a)所示;坐标象限按顺时针方向编号,如图 1-2(b)所示,其目的是使数学中的公式可直接应用到测量计算之中。

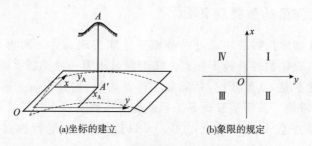

(a)坐标的建立　　　　　(b)象限的规定

图 1-2　地区平面直角坐标系

3. 高斯平面直角坐标系

(1)高斯投影原理

小面积测图时可不考虑地球曲率的影响,直接将地面点沿铅垂线投影到水平面上,并用直角坐标系表示投影点的位置,可以不进行复杂的投影计算。但当测区范围较大,就不能将地球表面当做平面看待,把地球椭球面上的图形展绘到平面上,只有采用某种地图投影的方法来解决。地图投影有等角投影、等面积投影和任意投影等。等角投影又称正形投影,经过投影后原椭球面上的微分图形与平面上的图形保持相似。

高斯投影是横切椭圆柱等角投影,最早由德国数学家高斯提出,后经德国大地测量学家克吕格完善、补充并推导出计算公式,故也称为高斯-克吕格投影。高斯投影是一种数学投影而不是透视投影。高斯投影的条件为:①投影后没有角度变形;②中央子午线的投影是一条直线并且是投影点的对称轴;③中央子午线的投影没有长度变形。

设想用一个椭圆柱横套在地球椭球体外,与地球南、北极相切,如图 1-3(a)所示,并与椭球体某一子午线相切(此子午线称为中央子午线),椭圆柱中心轴通过椭球体赤道面及椭球中心,将中央子午线两侧一定经度(如 3°、1.5°)范围内的椭球面上的点、线按正形条件投影到椭圆柱面上,然后将椭圆柱面沿着通过南、北极的母线展开成平面,即成高斯投影平面,如图 1-3(b)所示。在此平面上,中央子午线和赤道的投影都是直线,并且正交。其他子午线和纬线都是曲线。中央子午线长度不变形,离开中央子午线越远变形越大,并凹向中央子午线。各纬圈投影后凸向赤道。

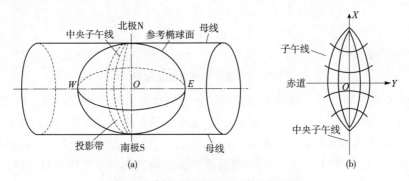

图 1-3 高斯平面直角坐标系的投影图

由图 1-3(b)可看出,距离中央子午线越远投影变形越大。为了控制长度变形测量中采用限制投影带宽度的方法,即将投影区域限制在中央子午线的两侧狭长地带,这种方法称为分带投影。投影带宽度根据相邻两个子午线的经差来划分,我国通常采用 6°带和 3°带两种分带方法,两者关系如图 1-4 所示。测图比例尺小于 1:10000 时一般采用 6°分带;测图比例尺大于等于 1:10000 时则采用 3°分带。在工程测量中有时也采用任意带投影,即把中央子午线放在测区中央的高斯投影。在高精度的测量中也可采用小于 3°的分带投影。

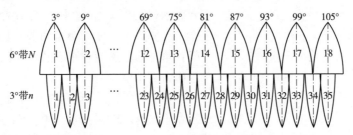

图 1-4 统一 6°带投影与统一 3°带投影高斯平面直角坐标系的关系

（2）高斯平面直角坐标系

高斯平面直角坐标系是以赤道和中央子午线的交点作为坐标原点 O，中央子午线方向为 X 轴，北方向为正值。赤道投影线为 Y 轴，东方向为正。象限按顺时针 Ⅰ、Ⅱ、Ⅲ、Ⅳ 排列，如图 1-5 所示。

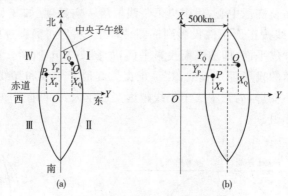

图 1-5　高斯平面直角坐标系

地面点在图 1-5（a）所示坐标系中的坐标值称为自然坐标。在同一投影带内横坐标有正值、有负值，这对坐标的计算和使用不方便。为了使 Y 值都为正，将纵坐标 X 轴西移 500km，并在 Y 坐标前面冠以带号，称为通用坐标。如在第 21 带中央子午线以西的 P 点，在 21 带高斯平面直角坐标系中的坐标自然值为：

$$X_P = 4429757.075$$
$$Y_P = -58269.585$$

而 P 点的通用坐标为：

$$X_P = 4429757.075$$
$$Y_P = 21441730.405$$

4. 空间直角坐标系

由于卫星大地测量日益发展，空间直角坐标系也被广泛采用。它是用空间三维坐标来表示空间一点的位置，这种坐标系的原点设在椭球的中心 O，三维坐标用三者表示，故亦称地心坐标。它与大地坐标有一定的换算关系。随着测量的普及使用，目前，空间直角坐标系已逐渐被军事及国民经济各部门采用作为实用坐标。

典型的空间三维直角坐标系是美国的全球定位系统（GPS）采用的 WGS-84 坐标系，如图 1-6 所示。WGS-84 坐标系属于地心空间直角坐标系。

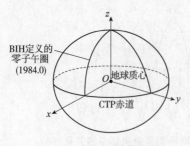

图 1-6　WGS-84 坐标系

二、地面点的确定

测量工作的基本任务是确定地面点的位置,为此测量上要采用投影的方法加以处理,即一点在空间的位置需要三个量来确定,这三个量通常采用该点在基准面上的投影位置和该点沿投影方向到基准面的距离来表示,如图 1-7 所示。

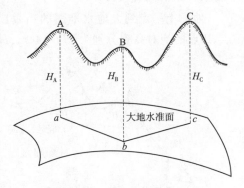

图 1-7　地面点的确定图

1. 地面点的高程

地面点到大地水准面的距离称为绝对高程又称海拔,简称高程。在图 1-8 中的两点的绝对高程为 H_A、H_B。由于受海潮、风浪等的影响海水面的高低时刻在变化着,我国在青岛设立验潮站进行长期观测,取黄海平均海水面作为高程基准面,建立 1956 年黄海高程系。其中青岛国家水准原点的高程为 72.289m。该高程系统自 1987 年废止,并且启用了 1985 年国家高程基准,其中原点高程为 72.260m。全国布置的国家高程控制点——水准点,都是以这个水准原点为起算的。在实际工作中使用测量资料时一定要注意新旧高程系统的差别,注意新旧系统中资料的换算。

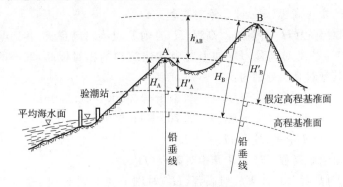

图 1-8　地面点的高程示意图

在局部地区或某项建设工程远离已知高程的国家水准点,可以假设任意一个高程基准面为高程的起算基准面即指定工地某个固定点并假设其高程,该工程中的高程均以这个固定点为准,所测得的各点高程都是以同一任意水准面为准的假设高程(也称相对高程)。将来如有需要,只需与国家高程控制点联测,再经换算成绝对高程就可以了。地面上两点高程之差称为高差,一般用 h 表示,不论是绝对高程还是相对高程其高差均是相同的。

2. 绝对高程(H)、相对高程(H')

（1）绝对高程(H)

地面上一点到大地水准面的铅垂距离称为此点的绝对高程。如图 1-9，A 点、B 点的绝对高程分别为 $H_A = 44m$、$H_B = 78m$。

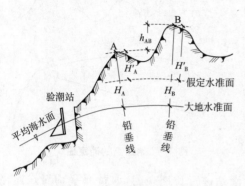

图 1-9 绝对高程与相对高程

（2）相对高程(H')

地面上一点到假定水准面的铅垂距离称为此点的相对高程。见图 1-9，A 点、B 点的绝对高程分别为 $H'_A = 24m$、$H'_B = 58m$。

在建筑工程中，为了对建筑物整体高程定位，均在总图上标明建筑物首层地面的设计绝对高程。此外，为了方便施工，在各种施工图中多采用相对高程。一般将建筑物首层地面定为假定水准面，其相对高程为 ±0.000。假定水准面以上高程为正值，水准面以下高程为负值。例如某建筑首层地面相对高程 $H'_0 = \pm0.000$（绝对高程 $H_0 = 44.800m$)，室外散水相对高程为 $H'_散 = -0.600m$，室外热力管沟底的相对高程 $H'_沟 = -1.700m$，二层地面相对高程为 $H'_{二层} = +2.900m$。

（3）已知相对高程(H')计算绝对高程(H)

已知相对高程(H')计算绝对高程(H)时则 P 点绝对高程 $H_P = $ P 点相对高程 $H'_p + （\pm0.000$ 的绝对高程)H_0。如上题中某建筑物的相对标高，室外散水 $H'_散 = +2.900m$，其绝对高层分别为：

$$H_散 = H'_散 + H_0 = -0.600 + 44.800 = 44.200m$$
$$H_沟 = H'_沟 + H_0 = -1.700 + 44.800 = 43.100m$$
$$H_{二层} = H'_散 + H_0 = +2.900 + 44.800 = 47.700m$$

（4）已知绝对高程(H)和计算相对高程(H')

已知绝对高程(H)计算相对高程(H')时则 P 点相对高程 $H'_p = $ P 点绝对高程 $H_P - （\pm0.000$ 的绝对高程)H_0。如计算上述某建筑外 25.000m 处路面绝对高程 $H_路 = 43.700m$，其相对高程为：

$$H'_路 = H_路 - H_0 = 43.700m - 44.800m = -1.100m$$

3. 高差(h)

两点间的高程之差称为高差。若地面上 A 点与 B 点的高程 $H_A = 44m$（$H'_A = 24m$)与 $H_B = 78m$（$H'_B = 58m$)均已知，则 B 点对 A 点的高差：

$$h_{AB} = H_B - H_A = 78m - 44m = 34m$$
$$= H'_B - H'_A = 58m - 24m = 34m$$

h_{AB}的符号为正时,表示 B 点高于 A 点;符号为负时,表示 B 点低于 A 点。

4. 坡度(i)

一条直线或一个平面的倾斜程度称为坡度,一般用 i 表示。水平线或水平面的坡度等于零($i=0$),向上倾斜叫升坡(＋)、向下倾斜叫降坡(－)。在建筑工程中如屋面、厕浴间、阳台地面、室外散水等均需要有一定的坡度以便排水。在市政工程中如各种地下管线,尤其是一些无压管线(如雨水和污水管道)均要有一定坡度,各种道路在中线方向要有纵向坡度,在垂直中线方向上还要有横向坡度,各种广场与农田均要有不同方向的坡度,以便排水与灌溉。

AB 两点间的高差 h_{AB} 比 AB 两点间的水平距离 D_{AB} 即为坡度,亦即斜线倾斜角(θ)的正切($\tan\theta$),见图 1-10,一般用百分比(％)或千分比(‰)表示:

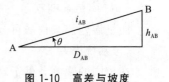

图 1-10 高差与坡度

$$i_{AB} = \tan\theta = \frac{H_B - H_A}{D_{AB}} = \frac{h_{AB}}{D_{AB}}$$

第三节 测量误差的基本认识

一、测量误差的概述

1. 基本概念

测量是由人在一定的环境和条件下使用测量仪器设备以及测量工具按一定的测量方法进行的一项工作。测量的成果自然要受到人、仪器设备、作业环境以及测量方法的影响。在测量过程中不论人的操作多么仔细,仪器设备多么精密,测量方法多么周密,总会受到其自身的具体条件限制,同时其作业环境也会发生一些无法避免的变化,导致测量成果中总会存在着测量误差。比如对某一段距离往返测量若干次或对某一角度正倒镜反复进行观测,每次测量的结果往往不一致,这都说明测量误差的存在。应注意的是测量误差与发生粗差(错误)的性质是不同的。粗差的出现是由于操作错误或粗心大意造成的,它的大小往往超出正常的测量误差的范围,它是可以避免的。测量理论上研究的测量误差是不包括粗差的。

2. 测量误差产生的原因

(1)人的因素。由于人的感觉器官的鉴别能力是有限的,人在安置仪器、照准目标及读数等几方面都会产生测量误差。

（2）仪器设备及工具的因素。由于仪器制造和校正不可能十分完善（允许有一定的误差范围）使用仪器设备及工具进行测量时会产生正常的测量误差。

（3）外界条件的因素。在测量过程中由于外界条件（如温度、湿度、风力、气压、光线等）是不断发生变化的，也会对测量值带来测量误差。

根据以上情况可以说明测量误差的产生是不可避免的，任何一个观测值都会包含有测量误差，因此测量工作不仅要得到观测成果而且还要研究测量成果所具有的精度。测量成果的精度是由测量误差的大小来衡量的。测量误差越大反映出测量精度越低，误差越小则精度越高。在测量工作中，必须对测量误差进行研究，应对不同的误差采取不同的措施，最终达到消除或减少误差对测量成果的影响，提高和保证测量成果的精度。

3. 测量误差的分类

测量误差按其性质可分为系统误差和偶然误差两类。

（1）系统误差

在相同的观测条件下对某量进行一系列的观测，如果测量误差的数值大小和符号保持相同或按一定规律变化，这种误差称为系统误差。系统误差产生的主要原因是测量仪器和工具的构造不完善或校正不完全准确。例如一条钢尺名义长度为 30m，与标准长度比较其实际长度为 29.995m。用此钢尺进行量距时，每量一整尺就会比实际长度长出 0.005m，这个误差的大小和符号是固定的，就是属于系统误差。

系统误差具有积累性，对测量的成果精度影响很大，但由于它的数值的大小和符号有一定的规律，所以它可以通过计算改正或用一定的观测程序和观测方法进行消除。例如在用钢尺量距时，可以先通过计算改正进行钢尺检定，求出钢尺的尺长改正数，然后再在计算时对所量的距离进行尺长改正，消除尺长误差的影响。

（2）偶然误差

在相同的观测条件下对某量进行一系列的观测，如果观测误差的数值的大小和符号都不一定相同，从表面上看没有什么规律性，就大量误差的总体而言又具有一定的统计规律性，这种误差称为偶然误差。例如使用测距仪测量一条边时，其每一次测量结果往往会因为温度气压变化以及仪器本身测距精度影响而出现差异，这个差值大小和符号不同，但大量统计差值又会发现此差值不会超出一个较小的范围，而且相对于其平均值而言，其正负差值出现的次数接近相等，这个误差就是偶然误差。偶然误差的产生，是由人、仪器和外界条件等多方面因素引起的，它随着各种偶然因素综合影响而不断变化。对于这些在不断变化的条件下所产生的大小不等、符号不同但又不可避免的小的误差，找不到一个能完全消除它的方法。因此,可以说在一切测量结果中都不可避免地包含有偶然误差。一般来说,测量过程中,偶然误差和系统误差同时发生,而系统误差在一般情况下也可以采取适当的方法加以消除或减弱,使其减弱到与偶然误差相比处于次要的地位。这样就可以认为在观测成果中主要存在偶然误差。我们在测量学科中所讨论的测量误差一般就是指偶然误差。

4. 偶然误差的特性

偶然误差从表面上看没有什么规律,但就大量误差的总体来讲,则具有一定的统计规律,并且观测值数量越大,其规律性就越明显。人们通过反复实践,统计和研究了大量的各种观测的结果,总结出偶然误差具有以下的特性:

(1)在一定的观测条件下,偶然误差的绝对值不会超过一定的范围;

(2)绝对值小的误差比绝对值大的误差出现的机会多;

(3)绝对值相等的正误差和负误差出现的机会相等;

(4)偶然误差的算术平均值随着观测次数的无限增加而趋于零,即

$$\lim_{n \to \infty} \frac{[\Delta]}{n} = 0 \tag{1-1}$$

式中:n 为观测次数;$[\Delta] = \Delta_1 + \Delta_2 + \cdots + \Delta_i + \cdots + \Delta_n$;$\Delta_i$ 表示第 i 次观测的偶然误差。

根据偶然误差的特性可知,当对某量有足够多的观测次数时,其正的误差和负的误差可以互相抵消。因此,我们可以采用多次观测,最后计算取观测结果的算术平均值作为最终观测结果。

二、衡量误差的标准

1. 标准差与中误差

设对某真值 l 进行了 n 次等精度独立观测,得观测值 l_1、l_2、$\cdots l_n$,各观测量的真误差为 Δ_1、Δ_2、$\cdots$、Δ_n($\Delta_i = l_i - l$),可以求得该组观测值的标准差为

$$\sigma = \pm \lim_{n \to \infty} \sqrt{\frac{[\Delta\Delta]}{n}} \tag{1-2}$$

在测量生产实践中,观测次数 n 总是有限的,根据式(1-2)只能求出标准差的估计值 σ',通常又称为中误差,用 m 表示,即有

$$\sigma' = m = \pm \sqrt{\frac{[\Delta\Delta]}{n}} \tag{1-3}$$

【例 1-1】 某段距离使用因瓦基线尺丈量的长度为 41.984m。因丈量的精度很高,可以视为真值。现使用 50m 钢尺丈量该距离 6 次,观测值列于表 1-1,试求该钢尺一次丈量 50m 的中误差。

表 1-1

观测次序	观测值(m)	Δ(mm)	ΔΔ	计算
1	49.988	+4	16	
2	49.975	−9	81	
3	49.981	−3	9	$m=\pm\sqrt{\dfrac{[\Delta\Delta]}{n}}$
4	49.978	−6	36	$=\pm\sqrt{\dfrac{151}{6}}$
5	49.987	+3	9	$=\pm5.02\text{mm}$
6	49.984	0	0	
Σ			151	

因为是等精度独立观测,所以 6 次距离观测值的中误差均为±5.02mm。

2. 相对误差

相对误差是专为距离测量定义的精度指标,因为单纯用距离丈量中误差还不能反映距离丈量的精度情况。例如,在(例 1-1)中,用 50m 钢尺丈量一段约 50m 的距离,其测量中误差为±5.02mm,如果使用另一种量距工具丈量 100m 的距离,其测量中误差仍然等于±5.02mm,显然不能认为这两段不同长度的距离丈量精度相等,这就需要引人相对误差。相对误差的定义为

$$K=\frac{|m_D|}{D}=\frac{1}{\dfrac{D}{|m_D|}} \tag{1-4}$$

相对误差是一个无单位的数,在计算距离的相对误差时,应注意将分子和分母的长度单位统一。通常习惯于将相对误差的分子化为 1,分母为一个较大的数来表示。分母越大,相对误差越小,距离测量的精度就越高。依据式(1-4)可以求得上述所述两段距离的相对误差分别为

$$K_1=\frac{0.00502}{49.982}=\frac{1}{9956}$$

$$K_2=\frac{0.00502}{100}=\frac{1}{19920}$$

结果表明,后者的精度比前者的高。距离测量中,常用同一段距离往返测量结果的相对误差来检核距离测量的内部符合精度,计算公式为

$$\frac{|D_{往}-D_{返}|}{D_{平均}}=\frac{|\Delta D|}{D_{平均}}=\frac{1}{\dfrac{D_{平均}}{|\Delta D|}} \tag{1-5}$$

3. 极限误差

极限误差是通过概率论中某一事件发生的概率来定义的。设 ε 为任一正实 ξ

数,则事件 $|\Delta| < \varepsilon$ 发生的概率为

$$P(|\Delta| < \varepsilon\sigma) = \int_{-\varepsilon\sigma}^{+\varepsilon\sigma} \frac{1}{\sqrt{2\pi}\sigma} e^{-\frac{\Delta^2}{2\sigma^2}} d\Delta \qquad (1\text{-}6)$$

令 $\Delta' = \dfrac{\Delta}{\sigma}$,则式(1-6)变成

$$P(|\Delta| < \varepsilon) = \int_{-\varepsilon}^{+\varepsilon} \frac{1}{\sqrt{2\pi}\sigma} e^{-\frac{\Delta^2}{2}} d\Delta' \qquad (1\text{-}7)$$

因此,则事件 $|\Delta| = \varepsilon\sigma$ 发生的概率为 $1 - P(|\Delta|) < \varepsilon$。

通过计算可知,真误差的绝对值大于 1 倍 σ 的占 31.73%;真误差的绝对值大于 2 倍 σ 的占 4.555%,即 100 个真误差中,只有 4.55 个真误差的绝对值可能超过 2σ,而大于 3 倍 σ 的仅仅占 0.27%,也即 1000 个真误差中,只有 2.7 个真误差的绝对值可能超过 3σ。后两者都属于小概率事件,根据概率原理,小概率事件在小样本中是不会发生的,也即当观测次数有限时,绝对值大于 2σ 或 3σ 的真误差实际上是不可能出现的。因此测量规范常以 2σ 或 3σ 作为真误差的允许值,该允许值称为极限误差,简称为限差。

$$|\Delta_{容}| = 2\sigma \approx 2m \quad 或 \quad |\Delta_{容}| = 3\sigma \approx 3m$$

当某观测值的误差大于上述限差时,则认为它含有系统误差,应剔除它。

三、误差传播定律及应用

1. 误差传播定律

在实际测量工作中,某些我们需要的量并不是直接观测值,而是通过其他观测值间接求得的,这些量称为间接观测值。各变量的观测值中误差与其函数的中误差之间的关系式,称为误差传播定律。一般函数的误差传播定律为:一般函数的中误差的平方等于该函数对每个观测值取偏导数与其对应观测值中误差乘积的平方之和。

利用它就可以导出如表 1-2 所示的简单函数的误差传播定律。

表 1-2　简单函数的误差传播定律

函数名称	函数式	中误差传播公式
倍数函数	$Z = KX$	$m_Z = \pm Km$
和差函数	$Z = X_1 \pm X_2 \pm \cdots \pm X_n$	$m_Z = \pm\sqrt{m_1^2 + m_2^2 + \cdots + m_n^2}$
线性函数	$Z = K_1X_1 \pm K_2X_2 \pm \cdots \pm K_nX_n$	$m_Z = \pm\sqrt{K_1^2m_1^2 + K_1^2m_2^2 + \cdots + K_n^2m_n^2}$

注: m_Z 表示函数中误差, $m_1, m_2, \cdots, m_n$ 分别表示各观测值的中误差。

2. 算术平均值及其中的误差

(1)算术平均值

设在相同的观测条件下,对任一未知量进行了 n 次观测,得观测值 L_1、L_2、…、L_n,则该量的最可靠值就是算术平均值 x,即

$$x=\frac{[L]}{n} \tag{1-8}$$

算术平均值就是最可靠值的原理。根据观测值真误差的计算式和偶然误差的特性,可以分析得出

$$X=\lim_{n\to\infty}\frac{[L]}{n} \quad 即 \lim_{n\to\infty}x=X \tag{1-9}$$

式中:X——该量的真值。

从上式可见,当观测次数趋于无限多时,算术平均值就是该量的真值。但实际工作中观测次数总是有限的,这样算术平均值不等于真值。但它与所有观测值比较都更接近于真值。因此可认为算术平均值是该量的最可靠值,故又称为最值或然值。

(2)用观测值的改正数计算中误差

前面已经给出了用真误差求一次观测值中误差的公式,但测量的真误差只有在真值为已知时才能确定,而未知量的真值往往是不知道的,因此无法用其来衡量观测值的精度。在实际工作中,是用算术平均值与观测值之差,即观测值的改正数或最或然误差来计算出中误差的。根据改正数和真误差的关系以及中误差的定义和偶然误差的特性可以推导出利用观测值的改正数计算中误差的公式为

$$m=\pm\sqrt{\frac{[vv]}{n-1}} \tag{1-10}$$

式中:m——观测值中误差;

　　v——观测值的改正数;

　　n——观测次数。

(3)算术平均值的中误差

根据上述用改正数计算中误差的公式和误差传播定律,可以推算出算术平均值的中误差计算公式为

$$M=\frac{m}{\sqrt{n}}=\sqrt{\frac{[vv]}{n(n-1)}} \tag{1-11}$$

式中:M——算术平均值中误差;

　　m——观测值中误差;

　　v——观测值的改正数;

　　n——观测次数。

算术平均值及其中误差,是根据观测值误差以及中误差的基本概念和误差传播定律推算而来的,它在测量实际工作中应用十分广泛,在实际工作中对同一观测

对象进行多次观测以提高观测值精度,这是人们已经习惯地应用这一概念的体现。

3. 误差传播定律的应用

误差传播定律在测绘领域应用十分广泛,利用它不仅可以求得观测值函数的中误差,而且还可以确定容许误差值以及分析观测可能达到的精度。测量规范中误差指标的确定,一般也是根据误差来源分析和使用误差传播定律推导而来的。

第四节　测量常用计量单位及换算

测量常用的角度、长度、面积等几种法定计量单位的换算关系分别列于表 1-3、表 1-4 和表 1-5。

表 1-3　角度单位制及换算关系

六十进制	弧度制
1 圆周＝360°	1 圆周＝2π 弧度
1°＝60′	1 弧度＝180°/π＝57.29577951°＝$\rho°$
1′＝60″	＝3438′＝e'
	＝206265″＝ρ''

表 1-4　长度单位制及换算关系

公　制	英　制
1km＝1000m	1 英里(mile,简写 mi)
1m＝10dm	1 英寸(foot,简写 ft)
＝100cm	1 英寸(inch,简写 in)
＝1000mm	1km＝0.6214mi
	＝3280.8ft
	1m＝3.2808ft
	＝39.37in

表 1-5　面积单位制及换算关系

公　制	市　制	英　制
1km²＝1×10⁶m²	1km²＝1500 亩	1km²＝247.11 英亩
1m²＝100dm²	1m²＝0.0015 亩	＝100 公顷
＝1×10⁴cm²	1 亩＝666.6666667m²	10000m²＝1 公顷
＝1×10⁶mm²	＝0.06666667 公顷	1m²＝10.764ft²
	＝0.1647 英亩	1cm²＝0.1550in²

第二章 水 准 测 量

第一节 水准测量原理

水准测量是利用一条水平视线,并借助水准尺,来测定地面两点间的高差,由已知点的高程推算出未知点的高程的方法。如图 2-1 所示,欲测定 A、B 两点之间的高差 h_{AB},可在 A、B 两点上分别竖立有刻画的尺子——水准尺,并在 A、B 两点之间安置一台能提供水平视线的仪器——水准仪。根据仪器的水平视线,在 A 点尺上读数,设为 a,在 B 点尺上读数,设为 b,则 A、B 两点间的高差为

$$h_{AB} = a - b \tag{2-1}$$

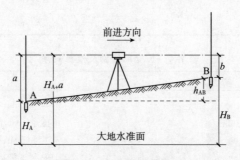

图 2-1 水准仪测量原理

如果水准测量是由 A 到 B 进行的,如图 2-1 中的箭头所示,由于 A 点为已知高程点,故 A 点尺上读数 a 称为后视读数;B 点为欲求高程的点,则 B 点尺上读数 b 为前视读数。高差等于后视读数减去前视读数。$a > b$ 高差为正;反之,为负。

$$H_B = H_A + h_{AB} = H_A + (a - b) \tag{2-2}$$

还可通过仪器的视线高 H_i 计算 B 点的高程,即

$$\left.\begin{array}{l} H_i = H_A + a \\ H_B = H_i - b \end{array}\right\} \tag{2-3}$$

式(2-2)是直接利用高差 h_{AB} 计算 B 点高程的,称高差法,式(2-3)是利用仪器视线高程来计算 B 点高程的,称仪高法。当安置一次仪器要求测出若干个前视点的高程时,仪高法比高差法方便。

第二节 水准测量仪器和工具

一、水准尺和尺垫

水准测量常用的工具有水准尺和尺垫。

1. 水准尺

水准尺又称水准标尺。有的尺上装有圆水准器或水准管,以便检验立尺时,尺身是否垂直(这是水准测量的基本要求)。一般常用的水准尺有塔尺和双面水准尺两种。

（1）塔尺

塔尺多是由三节组合的空心尺组成,因全部抽起后形似宝塔而得名。每节由下至上逐级缩小,不用时可逐节缩进,以便携带或存放,使用时再逐节拉出。各节拉出后,在接合处用弹簧卡口卡住,使用时,要检查卡口弹簧是否卡好,在使用过程中也要经常注意检查,以免尺长产生变动,引起测量结果错误。塔尺的总长一般为 4～5m,如图 2-2(a)所示,可用于精度要求不高的水准测量。

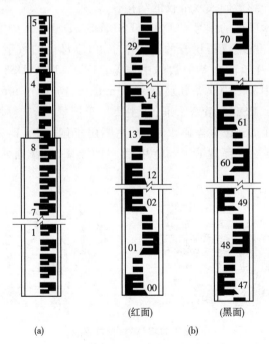

图 2-2 两种水准尺

（2）双面水准尺

双面水准尺为条状直尺,两面都有刻画尺度,如图 2-2(b)所示。全长多为

3~4m。

双面水准尺的两个尺面都有刻画。一面为黑色，称为"主尺"，也称为"黑尺"；另一面为红色，称为"副尺"，也称为"红尺"。

塔尺的底部和双面尺的黑尺面底部，均为尺的零点；红尺面底部一只为4.687m，另一只为4.787m，故双面水准尺，由两只尺面刻画不同的尺配成一套，供读尺时检核有无差错之用。测量时，先用黑尺面，再在同一测点上反转尺面，用红尺面读数，如两次读数结果之差为4.687±0.003m或4.787m±0.003m，表示读数无错误。否则，应立即重测。

因木质水准尺易变形，使用时间长易朽坏，现在基本使用铝合金尺，既轻便又耐用。

二、微倾水准仪

水准仪的作用是提供一条水平视线，能照准离水准仪一定距离处的水准尺并读取尺上的读数。通过调整水准仪使水准管内气泡居中获得水平视线的水准仪称为微倾式水准仪，通过补偿器获得水平视线读数的水准仪称为自动安平水准仪。本节主要介绍微倾式水准仪的结构。

国产微倾式水准仪的型号有 DS05、DS1、DS3、DS10，其中字母 D、S 分别为"大地测量"和"水准仪"汉语拼音的第一个字母，字母后的数字表示以毫米为单位的、仪器每千米往返测高差中数的中误差。DS05、DS1、DS3、DS10 水准仪每千米往返测高差中数的中误差分别为 ±0.5mm、±1mm、±3mm、±10mm。

通常称 DS05、DS1 为精密水准仪，主要用于国家一、二等水准测量和精密工程测量；称 DS3、DS10 为普通水准仪，主要用于国家三、四等水准测量和常规工程建设测量。工程建设中，使用最多的是 DS3 普通水准仪，如图 2-3 所示。

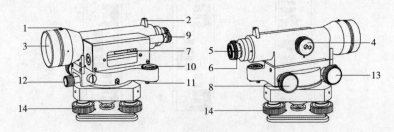

图 2-3　DS3 微倾式水准仪

1-准星；2-照门；3-物镜；4-物镜调焦螺旋；5-目镜；6-目镜调焦螺旋；7-管水准器；8-微倾螺旋；
9-管水准气泡观察窗；10-圆水准器；11-圆水准器校正螺钉；12-水平制动螺旋；
13-水平微动螺旋；14-脚螺旋

1. 微倾式水准仪的组成

微倾式水准仪主要由望远镜、水准器和基座组成。

（1）望远镜

望远镜用来照准远处竖立的水准尺并读取水准尺上的读数，要求望远镜能看清水准尺上的读数标志。根据在目镜端观察到的物体成像情况，望远镜可分为正像望远镜和倒像望远镜。图 2-4 为倒像望远镜的结构图，它由物镜、调焦透镜、十字丝分划板和目镜组成。

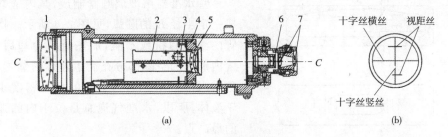

图 2-4　望远镜的结构

1-物镜；2-齿条；3-调焦齿轮；4-调焦镜座；5-物镜调焦螺旋；6-十字丝分划板；7-目镜组

十字丝分划板的结构如图 2-4（b）所示。它是在一直径为约 10mm 的光学玻璃圆片上刻出三根横丝（也称水平丝）和一根垂直于横丝的纵丝（也称竖丝），中间的长横丝称为中丝，用于读取水准尺上分划的读数；上、下两根较短的横丝称为上丝和下丝，上、下丝总称为视距丝，用来测定水准仪至水准尺的距离。用视距丝测量出的距离称为视距。

十字丝分划板安装在一金属圆环上，用四颗校正螺丝固定在望远镜筒上。望远镜物镜光心与十字丝交点的连线称为望远镜视准轴。望远镜物镜光心的位置是固定的，调整固定十字丝分划板的四颗校正螺丝，在较小的范围内移动十字丝分划板可以调整望远镜的视准轴。

物镜与十字丝分划板之间的距离是固定不变的，而望远镜所瞄准的目标有远有近。目标发出的光线通过物镜后，在望远镜内所成实像的位置随着目标的远近而改变，应旋转物镜调焦螺旋使目标像与十字丝分划板平面重合才可以读数。此时，观测者的眼睛在目镜端上、下微微移动时，目标像与十字丝没有相对移动，如图 2-5（a）所示。如果目标像与十字丝分划板平面不重合，观测者的眼睛在目镜端上、下微微移动时，目标像与十字丝之间就会有相对移动，这种现象

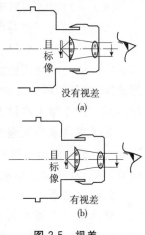

图 2-5　视差

称为视差,如图 2-5(b)所示。

视差会影响读数的正确性,读数前应消除它。消除视差的方法是:将望远镜对准明亮的背景,旋转目镜调焦螺旋,使十字丝十分清晰;将望远镜对准标尺,旋转物镜调焦螺旋使标尺像十分清晰。

(2)水准器

水准器用于置平仪器,有管水准器和圆水准器两种。

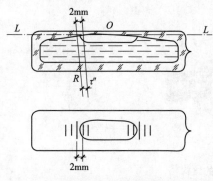

图 2-6 管水准器

1)管水准器

管水准器由玻璃圆管制成,其内壁磨成一定半径 R 的圆弧,见图 2-6 所示。将管内注满酒精或乙醚,加热封闭冷却后,管内形成的空隙部分充满了液体的蒸气,称为水准气泡。因为蒸气的相对密度小于液体,所以,水准气泡总是位于内圆弧的最高点。

管水准器内圆弧中点 O 称为管水准器的零点,过零点作内圆弧的切线 LL 称为管水准器轴。当管水准器气泡居中时,管水准器轴处于水平位置。

在管水准器的外表面,对称于零点的左右两侧,刻画有 2mm 间隔的分划线。定义 2mm 弧长所对的圆心角为管水准器的分划值:

$$\tau = \frac{2}{R}\rho \qquad\qquad (2\text{-}4)$$

式中:τ——水准管分划值($''$);

ρ——1 弧度秒值($''$),$\rho = 206265''$;

R——水准管内圆弧半径。

水准管的分划值与内圆弧半径成反比,半径越大,分划值愈小,整平愈高,气泡移动也愈灵活。所以一般把气泡移至最高点的能力称为水准器的灵敏度。另外灵敏度还与水准管内壁面的研磨质量、气泡长度、液体性质和温度有关。灵敏度越高,使气泡居中也越费时间。因此,仪器上的水准管灵敏度要与仪器的精度相匹配。DS3 型水准仪水准管的分划值一般为 20$''$。

为了提高水准气泡居中的精度,在管水准器上的上方装有一组符合棱镜,如图 2-7 所示。通过这组棱镜,将气泡两端的影像反射到望远镜旁的管水准气泡观察窗内,旋转微倾螺旋,当窗内气泡两端的影响吻合时,表示气泡居中。

2)圆水准器

圆水准器由玻璃管制成,其内壁研磨成半径为 0.5~2.0m 的球面,内装有酒精或乙醚溶液。球面中央可有小圆圈,圆圈中心 O 为圆水准器零点,连接零

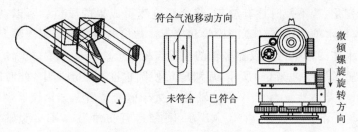

图 2-7 管水准器与符合棱镜

点与球面中心与圆水准器重合时,表示气泡居中,这时圆水准轴处于铅垂位置,如图 2-8 所示。圆水准器分划值一般为$(5' \sim 10')/2mm$,其灵敏度较低,只能用于仪器的粗略整平。

(3)基座

基座的作用是支承仪器的上部,用中心螺旋将基座连接到三脚架上。基座由轴座、脚螺旋、底板和三角压板构成。

2. 微倾式水准仪的检验和校正

(1)水准仪的使用应满足的条件

根据水准测量原理,水准仪必须提供一条水平视线,才能正确地测出两点间的高差。为此,水准仪的使用应满足的条件是:

1)圆水准器轴应平行于仪器的竖轴 VV;

2)十字丝的中丝(横丝)应垂直于仪器的竖轴;

3)如图 2-9 所示,水准管轴应平行于视准轴 CC。

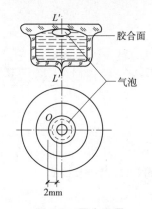

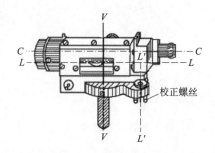

图 2-8 圆水准器

图 2-9 微倾式水准仪

(2)检验与校正

上述水准仪应满足的各项条件,在仪器出厂时已经过检验与校正而得到满足,但由于仪器在长期使用和运输过程中受到震动和碰撞等影响,各轴线之间的关系发生变化,若不及时检验校正,将会影响测量成果的质量。所以,在水准测量之前,应对水准仪进行认真的检验和校正。检校的内容有以下三项。

1)圆水准器轴平行于仪器竖轴的检验与校正

①检验。如图 2-10(a)所示,用脚螺旋使圆水准器气泡居中,此时圆水准器

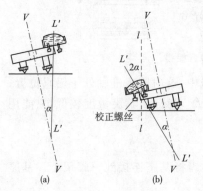

轴 $L'L'$ 处于竖直位置。如果仪器竖轴 VV 与 $L'L'$ 不平行,且交角为 α,那么竖轴 VV 与竖直位置偏差 α 角。将仪器绕竖轴旋转 $180°$,如图 2-10(b)所示,圆水准器转到竖轴的左面,不但不竖直,而且与竖直线 ll 的交角 2α,显然气泡不再居中,而离开零点的弧长所对的圆心角为 2α。这说明圆水准器轴 $L'L'$ 不平行竖轴 VV,需要校正。

图 2-10 水准仪检验

②校正。如图 2-10(b),通过检验证明了 $L'L'$ 不平行于 VV。则应调整圆水准器下面的三个校正螺丝,圆水准器校正结构如图 2-11 所示,校正前应先稍松中间的固紧螺丝,然后调整三个校正螺丝,使气泡向居中位置移动偏离量的一半,如图 2-12(a)所示。这时,圆水准器轴 $L'L'$ 与 VV 平行。然后再用脚螺旋整平,使圆水准器气泡居中,竖轴 VV 则处于竖直状态,如图 2-12(b)所示。校正工作一般都难于一次完成,需反复进行直至仪器旋转到任何位置圆水准器气泡皆居中时为止。最后应注意拧紧固紧螺丝。

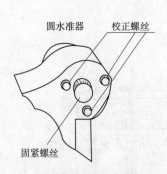

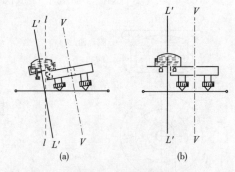

图 2-11 圆水准器校正结构   图 2-12 水准器校正

2)十字丝横丝垂直于仪器竖轴的检验与校正

①检验。安置仪器后,先将横丝一端对准一个明显的点状目标 M,如图 2-13(a)所示。然后固定制动螺旋,转动微动螺旋,如果标志点 M 不离开横丝,如图 2-13(b),则说明横丝垂直竖轴,不需要校正。否则,如图 2-13(c)、(d)所示,则需要校正。

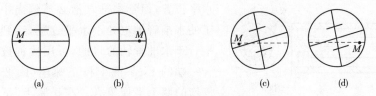

图 2-13 十字丝横丝的检验与校正

②校正。校正方法因十字丝分划板座装置的形式不同而异。对于图 2-14 形式,用螺丝刀松开分划板座固定螺丝,转动分划板座,改正偏离量的一半,即满足条件。也有卸下目镜处的外罩,用螺丝刀松开分划板座的固定螺丝,拨正分划板座的。

3)视准轴平行于水准管轴的检验校正

①检验。如图 2-15,在 S_1 处安置水准仪,从仪器向两侧各量约 40m,定出等距离的两点,打木桩或放置尺垫标志。

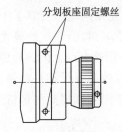

图 2-14 分划板座固定螺丝

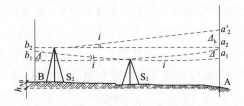

图 2-15 管水准器轴平行于视准轴的检验

a. 在 S_1 处用变动仪高(或双面尺)法,测出两点的高差。若两次测得的高差的误差不超过 3mm,则取其平均值 h_{AB} 作为最后结果。由于距离相等,两轴不平行导致的误差认可在高差计算中自动消除,故 h 值不受视准轴误差的影响。

b. 安置仪器于 B 点附近的 S_2 处,离 B 点约 3m 左右,精平后读得 B 点水准尺上的读数为 b_2,因仪器离 B 点很近,两轴不平行引起的读数误差可忽略不计。故根据 b_2 和 A、B 两点的正确高差 h_{AB} 算出 A 点尺上应有读数为

$$a_2 = b_2 + h_{AB} \tag{2-5}$$

然后,瞄准 A 点水准尺,读出水平视线读数 a_2',如果 a_2' 与 a_2 相等,则说明两轴平行,否则存在 i 角,其值为

$$i = \frac{\Delta h}{D_{AB}} \rho \tag{2-6}$$

式中 $\Delta h = a_2' - a_2$,规范规定用于三、四级水准测量的水准仪,其 i 角不得大于 $20''$,否则需要纠正。

②校正。转动微倾螺旋使中丝对准 A 点尺上正确读数 a_2,此时视准轴处于

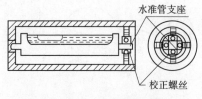

水准管支座

校正螺丝

图 2-16　微倾螺丝校正

水平位置,但管水准气泡必然偏离中心。为了使水准管轴也处于水平位置,达到视准轴平行于水准管轴的目的,可用拨针拨动水准管一端的上、下两个校正螺丝(图 2-16),使气泡的两个半像重合。在松紧上、下两个校正螺丝前,应稍旋松左、右两个螺丝,校正完毕再旋紧。这项检验校正要反复进行,直至 i 角小于 $20''$ 为止。

三、自动安平水准仪

1. 水准仪的补偿装置

微倾式水准仪安平过程中,利用圆水准器盒只能使仪器达到初平,每次观测目标读取读数前,必须利用微倾螺旋将水准管气泡调到居中,使视线达到精平。这种操作程序既麻烦又影响工效,有时会因忘记调微倾螺旋造成读数误差。自动安平水准仪在结构上取消了水准管和微倾螺旋,而在望远镜光路系统中安置了一个补偿装置(图 2-17),当圆水准器调平后,视线虽仍倾斜一个 α 角,但通过物镜光心的水平视线经补偿器折射后,仍能通过十字丝交点,这样十字丝交点上读到的仍是视线水平时应该得到的读数。自动安平水准仪的主要优点就是视线能自动调平,操作简便;若仪器安置不稳或有微小变动时,能自动迅速调平,可以提高测量精度。

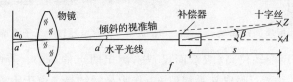

图 2-17　补偿器折光示意

2. 水准仪的光路系统

图 2-18 是 DSZ$_3$ 型自动安平水准仪的光路示意图。

该仪器在对光透镜和十字丝分划板之间安装一个补偿器。这个补偿器由两个直角棱镜和一个屋脊棱镜组成,两个直角棱镜用交叉的金属片吊挂在望远镜上,能自由摆动,在物体重力 g 作用下,始终保持铅直状态。

图 2-18 所示,该仪器处于水平状态,视准轴水平时水准尺上读数为 a_0。光线沿水平视线进入物镜后经过第一个直角棱镜反射到屋脊棱镜,在屋脊

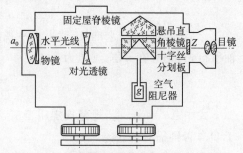

图 2-18　DSZ$_3$ 自动安平水准仪的光路系统

棱镜内作三次反射后到达另一个直角棱镜,又被反射一次最后通过十字丝交点,读得视线水平时的读数 a_0。

3. 仪器自动调平原理

当望远镜视线倾斜微小 α 角时(图 2-19),如果补偿器不起作用,两个直角棱镜和屋脊棱角都随望远镜一起倾斜一个 α 角(如图中虚线所示),则通过物镜光心的水平视线经棱镜几次反射后,并不通过十字丝交点 Z,而是通过 A。此时十字丝交点上的读数不是水平视线的读数 a_0,而是 a'。实际上,当视线倾斜 a 角时,悬吊的两个直角棱镜在重力作用下,相对于望远镜屋脊棱镜偏转了一个 α 角,转到实线表示的位置(两个直角棱镜保持铅直状态)。这时,Z 沿着光线(水平视线)在尺上的读数仍为 a_0。

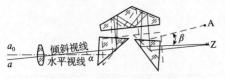

图 2-19　水准仪自动调平示意图

补偿器的构造就是根据光的反射原理,当望远镜视准轴倾斜任意角度(当然很微小)时,水平视线通过补偿器都能恰好通过十字丝交点,读到正确读数,补偿器就这样起到了自动调平的作用。

四、精密水准仪

1. 精密水准仪的基本性能

精密水准仪和一般微倾式水准仪的构造基本相同。但与一般水准仪相比有制造精密、望远镜放大倍率高、水准器分划值小、最小读数准确等特点。因此,它能提供精确水平视线、准确照准目标和精确读数,是一种高级水准仪。测量时它和精密水准尺配合使用,可取得高精度测量成果。精密水准仪主要用于国家一、二等水准测量和高等级工程测量,如大型建(构)筑物施工、大型设备安装、建筑物沉降观测等测量中。

普通水准仪(S_3 型)的水准管分划值为 $20''/2mm$,望远镜放大倍率不大于 30 倍,水准尺读数可估读到毫米。进行普通水准测量,每千米往返测高差偶然中误差不大于 $\pm3mm$。精密水准仪($S_{0.5}$ 或 S_1 型)水准管有较高的灵敏度,分划值为 $8\sim10''/2mm$,望远镜放大倍率不小于 40 倍,照准精度高、亮度大,装有光学测微系统,并配有特制的精密水准尺,可直读 $0.05\sim0.1mm$,每千米往返测高差偶然中误差不大于 $0.5\sim1.0mm$。DS$_1$ 水准仪外形如图 2-20。

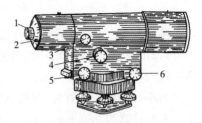

图 2-20　DS$_1$ 型水准仪外形

1-目镜;2-测微尺读数目镜;

3-物镜调焦螺旋;4-测微轮;

5-微倾螺旋;6-微动螺旋

国产精密水准仪技术参数如表 2-1 所示。

表 2-1　国产精密水准仪的技术参数

技术参数项目	水准仪型号	
	$S_{0.5}$	S_1
每千米往返测平均高差中误差(mm)	±0.5	±1
望远镜放大倍率	≥40	≥40
望远镜有效孔径(mm)	≥60	≥50
水准管分划值	10″/2mm	10″/2mm
测微器有效移动范围(mm)	5	5
测微器最小分划值(mm)	0.05	0.05

2. 光学测微器

光学读数测微器通过扩大了的测微分划尺,可以精读出小于分划值的尾数,改善普通水准仪估读毫米位存在的误差,提高了测量精度。

精密水准仪的测微装置如图 2-21 所示,它由平行玻璃板、测微分划尺、传动杆和测微轮系统组成,读数指标线刻在一个固定的棱镜上。测微分划尺刻有100 个分格,它与水准尺的 10mm 相对应,即水准尺影像每移动 1mm,测微尺则移动 10 个分格,每个分格为 0.1mm,可估读至 0.01mm。

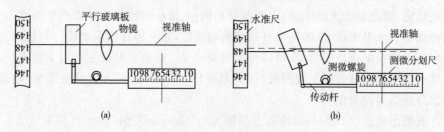

图 2-21　测微读数装置

测微装置工作原理是:平行玻璃板装在物镜前,通过传动齿条与测微尺连接,齿条由测微轮控制,转动测微轮,齿条前后移带动玻璃板绕其轴向前后倾斜,测微尺也随之移动。

当平行玻璃板竖直时(与视准轴垂直)[图 2-21(a)]水平视线不产生平移,测微尺上的读数为 5.00mm;当平行玻璃板向前后倾斜时,根据光的折射原理,视线则上下平移[图 2-21(b)]测微尺有效移动范围为上下各 5mm(50 个分格)。如测微尺移到 10mm 处,则视线向下平移 5mm;若测微尺移到 0mm 处,则视线向上平移 5mm。

需说明的是,测微尺上的10mm注字,实际真值是5mm,也就是注记数字比真值大1倍,这样就和精密水准尺的注字相一致(精密水准尺的注字比实际长度大1倍),以便于读数和计算。

如图2-21所示,当平行玻璃板竖直时,水准尺上的读数在1.48～1.49之间,此时测微尺上的读数是5mm,而不是0,旋转测微轮,则平行玻璃板向前倾斜,视线向下平移,与就近的1.48m分划线重合,此时测微尺的读数为6.54mm,视线平移量为6.54～5.00mm,最后读数为:1.48m＋6.54mm－5.00mm＝1.48654m－5.00mm。

在上式中,每次读数都应减去一个常数值5mm,但在水准测量计算高差时,因前、后视读数都含这个常数,会互相抵消。所以,在读数、记录和计算过程中都不考虑这个常数。但在进行单向测量读数时,就必须减去这个常数。

3. 精密水准尺的构造

图2-22为与DS_1型精密水准仪配套使用的精密水准尺。该尺全长3m,注字长6m,在木质尺身中间的槽内装有膨胀系数极小的因瓦合金带,故称因瓦尺。带的下端固定,上端用弹簧拉紧,以保证带的平直并且不受尺身长度变化的影响。因

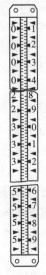

图2-22 精密
水准尺

瓦合金带分左右两排分划,每排最小分划均为10mm,彼此错开5mm,把两排的分划合在一起使用,便成为左右交替形式的分划,其分划值为5mm。合金带右边从0～5注记米数,左边注记分米数,大三角形标志对准分米分划,小三角形标志对准5cm分划,注记的数字为实际长度的2倍,即水准尺的实际长度等于尺面读数的1/2,所以用此水准尺进行测量作业时,须将观测高差除以2才是实际高差。

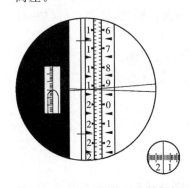

图2-23 DS_1型水准仪目镜视场

4. 精密水准仪的读数方法

精密水准仪与一般微倾水准仪构造原理基本相同。因此使用方法也基本相同,只是精密水准仪装有光学测微读数系统,所测量的对象要求精度高,操作要更加准确。

图2-23是DS_1型精密水准仪目镜视场影像,读数程序是:

(1)望远镜水准管气泡调到精平,提供高精度的水平视线,调整物镜、目镜,精确照准尺面。

（2）转动测微轮，使十字丝的楔形丝精确夹住尺面整分划线，读取该分划线的读数，图中为1.97m。

（3）再从目镜右下方测微尺读数窗内读取测微尺读数，图中为1.50mm（测微尺每分格为0.1mm，每注字格1mm）。

（4）水准尺全部读数为1.97m+1.50mm=1.97150m。

（5）尺面读数是尺面实际高度的一半，应除以2，即1.97150÷2=0.98575m。

测量作业过程中，可用尺面读数进行运算，在求高差时，再将所得高差值除以2。

图2-24所示为蔡司Ni004水准仪目镜视场影像，下面是水准管气泡影像，并刻有读数，测微尺刻在测微鼓上，随测微轮转动。该尺刻有100个分格，最小分划值为0.1mm（尺面注字比实长大1倍，所以最小分划实为0.05mm）。

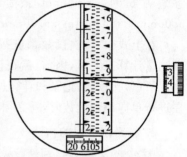

图2-24　蔡司 Ni004 水准仪目镜视场

当楔形丝夹住尺面1.92m分划时，测微尺上的读数为34.0（即3.4m），尺面全部读数为1.92m+3.40mm=1.92340m，实际尺面高度为1.92340÷2=0.96170m。

5. 精密水准仪使用要点

（1）水准仪、水准尺要定期检校，以减少仪器本身存在的误差。

（2）仪器安置位置应符合所测工程对象的精度要求，如视线长度、前后视距差、累计视距差和仪器高都应符合观测等级精度的要求，以减少与距离有关的误差影响。

（3）选择适于观测的外界条件，要考虑强光、光折射、逆光、风力、地表蒸气、雨天和温度等外界因素的影响，以减少观测误差。

（4）仪器应安稳精平，水准尺应利用水准管气泡保持竖直，立尺点（尺垫、观测站点、沉降观测点）要有良好的稳定性，防止点位变化。

（5）观测过程要仔细认真，粗枝大叶是测不出精确成果的。

（6）熟练掌握所用仪器的性能、构造和使用方法，了解水准尺尺面分划特点和注字顺序，情况不明时不要作业，以防造成差错。

五、激光水准仪

1. 激光水准仪的构造

如图2-25是某仪器厂生产的 YJs_3 激光水准仪的外形，其构造是在 S_3 型水准仪的望远镜上加装一枚 He-Ne 气体激光器，其原理与 J2-JD 激光经纬仪相同。由激光器发出的光束,经过一系列棱镜、透镜、光阑进入水准仪的望远镜中(图 2-26),再从望远镜的物镜端射向目标,并在目标处呈一明亮清晰的光斑(图 2-27)。

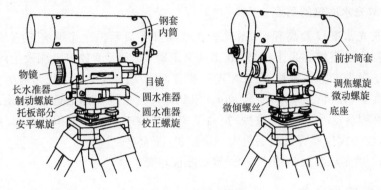

图 2-25　激光水准仪

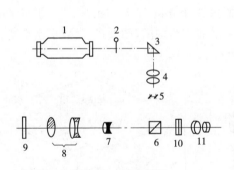

图 2-26　光束射程

1-氨-氖气体激光器;2-遮光开关;3-反射棱镜;
4-聚光镜组;5-针孔光阑;6-分光棱镜组;7-望远镜调焦镜组;
8-望远镜物镜;9-波带片;10-望远镜分划板;11-望远镜目镜组

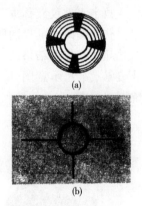

图 2-27　激光目标光斑

2. 激光水准仪的操作方法

水准仪部分与 S_3 型水准仪相同,下面介绍激光器中的特殊操作方法。

(1)把激光器的引出线接上电源。注意在使用直流电源时不能接错正、负极。

(2)开启电源开关,指示灯发亮,并可听到轻微的嗡嗡声。旋动电流调节旋钮,使激光电源工作在最佳电流值下(一般为 3～7mA),便有最强的激光输出。激光束即通过棱镜、透镜系统进入望远镜,由望远镜物镜端发射出去。

(3)观测完毕后,先将电源开关关断。指示灯熄灭,激光器停止工作,然后拉开电源。

(4)激光器工作时,遮光开关及波带片两个部件,可根据需要分别用它们的旋钮控制使用。

3. 激光水准仪的用途

用激光水准仪测高程时,激光束在水准尺上显示出一个明亮清晰的光斑。任何人都可以直接在尺上读数,既迅速又正确,减少了读数中可能发生的错误。另外由于激光束射程较长,白天尺面上很亮时为 150m,尺面上较暗时为 300m,晚上尺面黑暗时可达 2000～3000m。因此立尺点可距仪器更远,在平坦地区作长距离高程测量时,测站数较少,提高了测量的效率。在大面积的楼、地面水平工作时,放一次仪器可以控制很大一块面积,极为方便。

YJs₃ 激光水准仪的精度与 S₃ 型水准仪相同。

六、数字水准仪

数字水准仪又称电子水准仪,是用于自动化水准测量的仪器,它采用阵列传感器获取编码水准尺的图像,依据图像处理技术来获取水准标尺的读数,标尺图像处理及其处理结果的显示均由仪器内置计算机完成。图 2-28 为数字水准仪及编码水准尺示意图,图 2-29 为数字水准仪结构图,图 2-30 为数字水准测量系统原理框图。

图 2-28 数字水准仪及编码水准尺

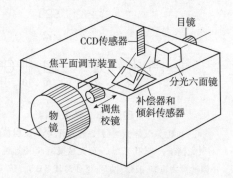

图 2-29 数字水准仪结构图

如图 2-30 所示,标尺上的条码图案经过光反射,一部分光束直接成像在望远镜分划板上,供目视瞄准和调焦,另一部分光束通过分光镜转折到 CCD 传感器上,经光电 A/D 转换成数字信号,通过微处理器 DSP 进行解码,并与仪器内存的参考信号进行比较,从而获得 CCD 中丝处标尺条码图像的高度值。

数字水准仪是通过自动识别条码图像来获取水准尺读数的,因此,尺子编码及编码识别技术是数字水准测量的关键。目前流行的几种条码图像自动识别技术有相关法、几何法、相位法等。从这几种原理的共同性的角度看,都使用了光学水准仪的光路原理,也都使用了条形码标尺,条码明暗相间,通过改变明暗条码的宽度实现编码,且条码不存在重复的码段。但它们的编码规则也有非常明显的个性区别,从这些区别可以看出它们解码原理的区别。所有的数字水准原理的解码过程都存在粗测、精测和精粗衔接这些步骤过程,且这些过程和普通的光学模拟水准仪仍然有相似之处,如图 2-31 所示。

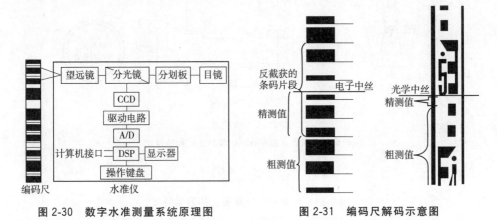

图 2-30　数字水准测量系统原理图　　　图 2-31　编码尺解码示意图

粗测——确定光电传感器所截获条码片段在标尺上的位置,这一过程也就是图像识别过程。

精测——确定电子中丝在所截获的条码片段中的位置。

精粗衔接——根据精测值和粗测值求得电子中丝在标尺上的位置即测量结果。

第三节　水准测量及校核方法

一、水准测量方法

1. 水准点

为统一全国的高程系统和满足各种测量的需要,国家各级测绘部门在全国各地埋设并测定了很多高程点,这些点称为水准点(benchmark,通常缩写为BM)。在一、二、三、四等水准测量中,称一、二等水准测量为精密水准测量,三、四等水准测量为普通水准测量,采用某等级的水准测量方法测出其高程的水准点称为该等级水准点。各等级水准点均应埋设永久性标石或标志,水准点的等级应注记在水准点标石或标记面上。

在已知高程的水准点和待定点之间进行水准测量就可以计算出待定点的高程。水准点标石的类型可分为：基岩水准标石、基本水准标石、普通水准标石和墙脚水准标志四种，其中混凝土普通水准标石和墙脚水准标志的埋设要求见图2-32所示。水准点在地形图上的表示符号见图2-33所示，图中的2.0表示符号圆的直径为2mm。

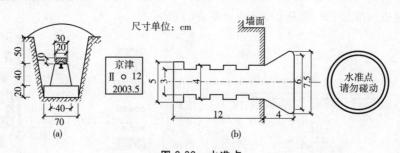

图 2-32　水准点

（a）混凝土普通水准标石；（b）墙脚水准标志埋设

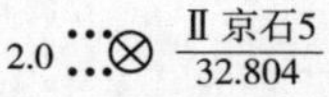

$$2.0\ \therefore\ \otimes\quad \frac{\text{II 京石5}}{32.804}$$

图 2-33　水准点在地形图上的表示符号

在大比例尺地形图测绘中，常用图根水准测量来测量图根点的高程，这时的图根点也称图根水准点。

2. 水准路线

水准测量时行进的路线称为"水准路线"。根据测区具体情况和施测需要，可选用不同的水准路线。

（1）附合水准路线

起止于两个已知水准点间的水准路线称为"附合水准路线"。

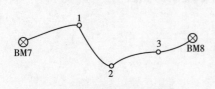

图 2-34　附合水准路线

当测区附近有高级水准点时，如图2-34所示，可由一高级水准点BM7开始，沿待测各高程的水准点1、2、3做水准测量，最后附合到另一高级水准点BM8，以便校核测量结果有无差错，或鉴别测量结果的精度，是否符合要求。

（2）闭合水准路线

起止于同一已知水准点的封闭水准路线称为"闭合水准路线"。当测区附近只有一个高级水准点时，如图2-35所示，可从这一水准点BM12出发，沿待测高程的各水准点1、2、…进行水准测量，最后又回归到起始点BM12，形成一个闭合的路线。

（3）支水准路线

从一已知水准点出发，终点不附合或不闭合于另一已知水准点的水准路线，称为"支水准线路"。

如图 2-35 所示，从某水准点 3 出发，进行水准测量到点 5，既不附合到另一水准点，也不形成闭合的路线。

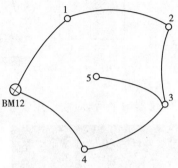

图 2-35 闭合水准路线及
支水准路线

3. 水准测量方法

（1）水准仪的安置和使用

安置水准仪前，首先应按观测者的身高调节好三脚架的高度，为便于整平仪器，还应使三脚架的架头面大致水平，并将三脚架的三个脚尖踩入土中，使脚架稳定；从仪器箱内取出水准仪，放在三脚架的架头上，立即使用中心螺旋旋入仪器基座的螺孔内，以防止仪器从三脚架上摔下来。

用水准仪进行水准测量的操作步骤为：粗平→瞄准水准尺→精平→读数，介绍如下。

1）粗平

粗略整平仪器。旋转脚螺旋使圆水准气泡居中，仪器的竖轴大致铅垂，从而使望远镜的视准轴大致水平。旋转脚螺旋方向与圆水准气泡移动方向的规律是：用左手旋转脚螺旋时，左手大拇指移动方向即为水准气泡移动方向即为水准气泡移动方向，见图 2-36 所示。初学者一般先练习用一只手操作，熟练后再联系用双手操作。

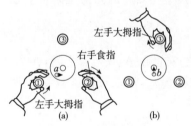

图 2-36 脚螺旋转动方向与
圆水准气泡移动方向的规律

2）瞄准水准尺

首先进行目镜对光，将望远镜对准明亮的背静，旋转目镜调焦螺旋，使十字丝清晰。松开制动螺旋，转动望远镜，用望远镜上的准星和照门瞄准水准尺，拧紧制动螺旋。从望远镜中观察目标，旋转物镜调焦螺旋，使目标清晰，再旋转微动螺旋，使竖丝对准水准尺。

3）精平

先从望远镜侧面观察管水准气泡偏离零点的方向，旋转微倾螺旋，使气泡大致居中，再从目镜左边的附合气泡观察窗中查看两个气泡影像是否吻合，如不吻合，再慢慢旋转微倾螺旋直至完全吻合为止，如图 2-37 所示。

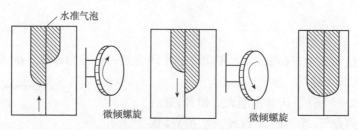

图 2-37　水准管气泡调节

4）读数

仪器精平后，应立即用十字丝的横丝在水准标尺上读数。读数时应按从小到大的方向，保证每个读数均为 4 位数，其中前面两位为米位和分米位，可从水准尺注记的数字直接读取，后面的厘米位要数分划数，毫米位则需要估读，如图 2-38 所示。读数后再检查符合水准器气泡是否居中，若不居中，应再次精平，重新读数。

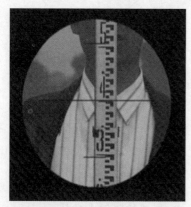

图 2-38　水准尺读数示例

（2）水准测量的方法

水准仪的主要功能就是它能为水准测量提供一条水平视线。水准测量就是利用水准仪所提供的水平视线直接测出地面上两点之间的高差，然后再根据其中一点的已知高程来推算出另一点的高程。

1）高差法

如图 2-39，为了测出 A、B 两点间高差，把仪器安置在 A、B 两点之间，在 A、B 点分别立水准尺，先用望远镜照准已知高程点上 A 尺，读取尺面读数 a，再照准待测点上 B 尺，读取读数 b，则 B 点对 A 点的高差。

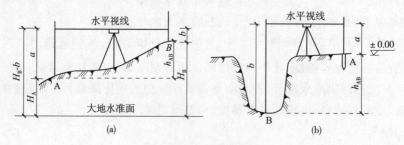

图 2-39　水准测量原理

$$h_{AB} = a - b \tag{2-7}$$

待测 B 点的高程：

$$H_B = H_A + h_{AB} = H_A + (a - b)$$

式中：a——已知高程点（起点）上的水准读数，叫后视读数；

b——待测高程点（终点）上的水准读数，叫前视读数。

"+"号为代数和。用后视读数减去前视读数所得的高差 h_{AB} 有正负之分，当后视读数大于前视读数时[图 2-39(a)]，高差为正，说明前视点高于后视点；当后视读数小于前视读数时[图 2-39(b)]，高差为负，说明前视点低于后视点。

【例 2-1】 图 2-39(a)中已知 A 点高程 $H_A = 122.632$m，后视读数 $a = 1.547$m，前视读数 $b = 0.924$m，求 B 点高程 H_B。

解：B 点对 A 点的高差

$$h_{AB} = a - b = 1.547 - 0.924 = 0.623m$$

B 点高程

$$H_B = H_A + h_{AB} = 122.632 + 0.623 = 123.255m$$

【例 2-2】 图 2-39(b)中已知桩顶标高为 ±0.000，A 点后视读数 $a = 1.250$m，B 点前视读数 $b = 2.730$m，求槽底标高 H_B。

解：B 点对 A 点的高差

$$h_{AB} = a - b = 1.250 - 2.730 = -1.480m$$

槽底标高

$$H_B = H_A + h_{AB} = 0.00 + (-1.480) = -1.480m$$

槽底深度和槽底标高并不是一码事，槽底标高是相对于 ±0.000 而言，槽底深度是相对于后视点而言。假如本例中的桩顶标高不是 ±0.000，而是 +4.000m，则

$$H_B = H_A + h_{AB} = 4.000 + (-1.480) = 2.520m$$

这时槽底标高是 2.520m，而槽底深度相对于桩顶来说仍然是 1.480m。这种槽底高于 ±0.000 的情况在山区阶梯形建筑中经常遇到。

2）仪高法

用仪器的视线高减去前视读数来计算待测点的高程，称为仪高法。当安置一次仪器而要同时测很多点时，采用这种方法比较方便。从图 2-40 中可以看出，若 A 点高程为已知，则视线高

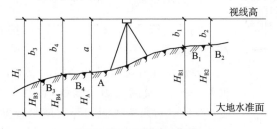

图 2-40 仪高法测高程

$$H_i = H_A + a \tag{2-8}$$

待测点的高程

$$H_B = H_i - b \tag{2-9}$$

【例 2-3】 图 2-40 中已知 A 点高程 $H_A = 117.364$m，欲测出 B_1、B_2、B_3、B_4 点的高程。先测得 A 点读数 $a = 1.462$m，然后在各待测点上立水准尺，分别测出读数为：$b_1 = 0.827$m，$b_2 = 0.732$m，$b_3 = 1.640$m，$b_4 = 1.522$m。

解： 先计算出视线高

$$H_i = H_A + a = 117.364 + 1.462 = 118.826\text{m}$$

然后分别求出

$$H_{B1} = H_i - b_1 = 118.826 - 0.827 = 117.999\text{m}$$

$$H_{B2} = H_i - b_2 = 118.826 - 0.732 = 118.094\text{m}$$

$$H_{B2} = H_i - b_3 = 118.826 - 1.640 = 117.186\text{m}$$

$$H_{B2} = H_i - b_4 = 118.826 - 1.522 = 117.304\text{m}$$

高差法和仪高法的区别在于计算顺序上的不同，其测量原理是相同的。

地球表面本来是一个曲面，因施工测量范围较小，故可不考虑曲面的影响。另外，仪器安置在两点中间，使前后视距相等，亦可消除地球曲率和大气折光的影响。非等级测量仪器安置的位置和高度可以任意选择，但水准仪的视线必须水平。

二、水准测量校核方法

1. 复测法（单程双线法）

从已知水准点测到待测点后，再从已知水准点开始重测一次，叫复测法或单程双线法。再次测得的高差，符号（＋、－）应相同，数值应相等。如果不相等，两次所得高度之差称为较差，用 $\Delta h_{测}$ 表示，即

$$\Delta h_{测} = h_{初} - h_{复} \tag{2-10}$$

较差小于允许误差，精度合格。然后取高差平均值计算待测点高程。

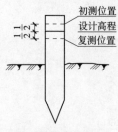

图 2-41 复测法测设计高程

高差平均值为 $\quad h = \dfrac{h_{初} + h_{复}}{2} \tag{2-11}$

高差的符号有"＋"、"－"之分，按其所得符号代入高程计算式。

复测法用在测设已知高程的点时，初测时在木桩侧面画一横线，复测又画一横线，若两次测得的横线不重合（图 2-41），两条线间的距离就是较差（误差），若小于允许误差，取两线中间位置作为测量结果。

2. 往返测法

从已知水准点起测到待测点后,再按相反方向测回到原来的已知水准点,称往返测点。两次测得的高差,符号(＋、－)应相反,往返高差的代数和应等于零。如不等于零,其差值叫较差。即

$$\Delta h_测 = h_往 - h_返 \qquad (2\text{-}12)$$

较差小于允许误差,精度合格。取高差平均值计算待测点高程。高差平均值为

$$h = \frac{h_往 + h_返}{2} \qquad (2\text{-}13)$$

3. 闭合测法

从已知水准点开始,在测量水准路线上测量若干个待测点后,又测回到原来的起点上(图 2-42),由于起点与终点的高差为零,所以全线高差的代数和应等于零。如不等于零,其差值叫闭合差。闭合差小于允许误差则精度合格。

在复测法、往返测法和闭合测法中,都是以一个水准点为起点,如果起点的高程记错、用错或点位发生变动,那么即使高差测得正确,计算也无误,测得的高程还是不正确的。因此,必须注意准确地抄录起点高程并检查点位有无变化。

4. 附合测法

从一个已知水准点开始,测完待测点一个或数个后,继续向前测量,直到在另一个已知水准点上闭合(图 2-43)。把测得终点对起点的高差与已知终点对起点的高差相比较,其差值叫闭合差,闭合差小于允许误差,精度合格。

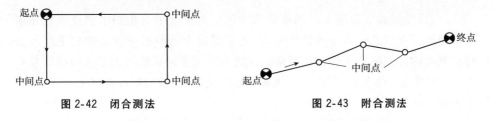

图 2-42　闭合测法　　　　　　　　图 2-43　附合测法

第四节　水准测量误差及注意事项

一、测量误差

水准测量误差包括仪器误差、观测误差和外界环境的影响三个方面。

1. 仪器误差

(1)仪器校正后的残余误差。规范规定,DS3 水准仪的 i 角大于 $20''$ 才需要

校正,因此,正常使用情况下 i 角将保持在 $\pm 20''$ 以内。由图 2-44 可知,i 角引起的水准尺读数误差与仪器至标尺的距离成正比,只要观测时注意使前、后视距相等,便可消除或减弱角误差的影响。在水准测量的每站观测中,使前、后视距完全相等是不容易做到的,因此规范规定,对于四等水准测量,一站的前、后视距差应小于等于 5m 任一测站的前后视距累积差应小于等于 10m。

(2)水准尺误差。由于水准尺分划不准确、尺长变化、尺弯曲等原因而引起的水准尺分划误差会影响水准测量的精度,因此须检验水准尺每米间隔平均真长与名义长之差。规范规定,对于区格式木质标尺,不应大于 0.5mm,否则,应在所测高差中进行米真长改正。一对水准尺的零点差,可在一水准测段的观测中安排偶数个测站予以消除。

2. 观测误差

(1)管水准气泡居中误差。水准测量的原理要求视准轴必须水平,视准轴水平是通过居中管水准气泡来实现的。精平仪器时,如果管水准气泡没有精确居中,将造成管水准器轴偏离水平面而产生误差。由于这种误差在前视与后视读数中不相等,所以,高差计算中不能抵消。

如 DS3 水准仪管水准器的分划值为 $\tau''=20''/2mm$,设视线长为 100mm,气泡偏离居中位置 0.5 格时引起的读数误差为:

$$\frac{0.5 \times 20}{206265} \times 100 \times 1000 = 5$$

消减这种误差的方法只能是每次读尺前进行精平操作时使管水准气泡严格居中。

(2)读数误差。普通水准测量观测中的毫米位数字是根据十字丝横丝在水准尺厘米分划内的位置进行估读的,在望远镜内看到的横丝宽度相对于厘米分划格宽度的比例决定了估读的精度。读数误差与望远镜的放大倍数和视线长有关。视线愈长,读数误差愈大。因此,规范规定,使用 DS3,视线长应小于等于 80m。

(3)水准尺倾斜。读数时,水准尺必须竖直。如果水准尺前后倾斜,在水准仪望远镜的视场中不会察觉,但由此引起的水准尺读数总是偏大,且视线高度愈大,误差就愈大。在水准尺上安装圆水准器是保证尺子竖直的主要措施。

(4)视差。视差是指在望远镜中,水准尺的像没有准确地生成在十字丝分划板上,造成眼睛的观察位置不同时,读出的标尺读数也不同,由此产生读数误差。

3. 外界环境的影响

(1)仪器下沉和尺垫下沉。仪器或水准尺安置在软土或植被上时,容易产生下沉。采用"后一前一前一后"的观测顺序可以削弱仪器下沉的影响,采用往返观测,取观测高差的中数可以削弱尺垫下沉的影响。

(2)大气折光影响。晴天在日光的照射下,地面温度较高,靠近地面的空气温度也较高,其密度较上层小。水准仪的水平视线离地面越近,光线的折射也就越大。规范规定,三、四等水准测量时应保证上、中、下三丝能读数,二等水准测量则要求下丝读数大于等于0.3m。

(3)温度影响。当日光直接照射水准仪时,仪器各构件受热不匀引起仪器的不规则膨胀,从而影响仪器轴线间的正常关系,使观测产生误差。观测时应注意撑伞遮阳。

二、施工测量中操作注意事项

1. 施测过程中的注意事项

(1)施测前,所用仪器和水准尺等器具必须经检校。

(2)前后视距应尽量相等,以消除仪器误差和其他自然条件因素(地球曲率、大气折光等)的影响。从图2-44(a)中可以看出,如果把仪器安置在两测点中间,即使仪器有误差(水准管轴不平行视准轴),但前后视读数中都含有同样大小的误差,用后视读数减去前视读数所得的高差,误差即抵消。如果前后视距不相等,如图2-44(b),因前后视读数中所含误差不相等,计算出的高差仍含有误差。

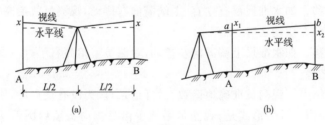

图 2-44　仪器安置位置对高差的影响

(a)$(a-x)-(b-x)=a-b$；(b)$(a-x_1)-(b-x_2)\neq a-b$

(3)仪器要安稳,要选择比较坚实的地方,三脚架要踩牢。

(4)读数时水准管气泡要居中,读数后应检查气泡是否仍居中。在强阳光照射下,要撑伞遮住阳光,防止气泡不稳定。

(5)水准尺要立直,防止尺身倾斜造成读数偏大。如3m长塔尺上端倾斜30cm,读数中每1m将增大5mm。要经常检查和清理尺底泥土。水准尺要立在坚硬的点位上(加尺垫、钉木桩),作为转点,前后视读数尺子必须立在同一标高点上。塔尺上节容易下滑,使用上尺时要检查卡簧位置,防止造成尺差错误。

(6)物镜、目镜要仔细对光,以消除视差。

(7)视距不宜过长,因为视距越长读数误差越大。在春季或夏季雨后阳光下观测时,由于地表蒸气流的影响,也会引起读数误差。

(8)了解尺的刻画特点,注意倒像的读数规律,读数要准确。

(9)认真做好记录,按规定的格式填写,字迹整洁、清楚。禁止潦草记录,以免发生误解或造成错误。

(10)测量成果必须经过校核,才能认为准确可靠。

(11)要想提高测量精度,最好的方法是多观测几次,最后取算术平均值作为测量成果。因为经多次观测,其平均值较接近这个量的真值。

2. 指挥信号

观测过程中,观测员要随时指挥扶尺员调整水准尺的位置,结束时还要通知扶尺员,如采用喊话等形式不仅费力而且容易产生误解。习惯做法是采用手势指挥。

(1)向上移。如水准尺(或铅笔)需向上移,观测员就向身侧伸出左手,以掌心朝上,做向上摆动之势,需大幅度移动,手即大幅度活动。需小幅度移动,就只用手指活动即可,扶尺员根据观测员的手势朝向和幅度大小来移动水准尺。当视线正确照准应读读数时,手势停住。

(2)向下移。如果水准尺需向下移,观测员同样伸出左手,但掌心朝下摆动,做法同前。

(3)向右移。如水准尺没有立直,上端需向右摆动,观测员就抬高左手过顶,掌心朝里,做向右摆动之势。

(4)向左移。如水准尺上端需向左摆动,观测员就抬高右手过顶,掌心朝里,做向左摆动之势。

(5)观测结束。观测员准确地读数,做好记录,认为没有疑点后,用手势通知扶尺员结束操作。手势形式是:观测员举双手由身侧向头顶划圆弧活动。扶尺员只有得到观测员的结束手势后,方能移动水准尺。

第三章　距　离　测　量

第一节　钢　尺　测　距

一、测距工具

1. 钢尺

　　钢尺是用钢制成的带状尺,尺的宽度约为 10～15mm,厚度约为 0.4mm,长度有 20m、30m、50m 等几种。钢尺有卷放在圆盘形的尺壳内的,也有卷放在金属或塑料尺架上的,见图 3-1 所示。钢尺的基本分划为厘米(cm),在每厘米、每分米及每米处印有数字注记。

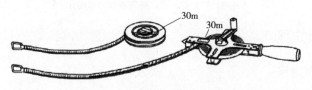

图 3-1　钢尺

　　根据零点位置的不同,钢尺有端点尺和刻线尺两种。端点尺是以尺的最外端作为尺的零点,见图 3-2(a)所示;刻线尺是以尺前端的一条分划线作为尺的零点,见图 3-2(b)所示。

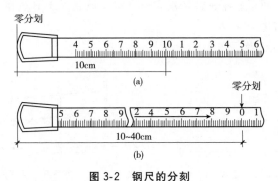

图 3-2　钢尺的分刻

(a)端点尺;(b)刻线尺

2. 辅助工具

辅助工具主要有测钎、标杆、垂球,精密量距时还需要有弹簧秤、温度计和尺夹。测钎用于标定尺段[图 3-3(a)],标杆用于直线定线[图 3-3(b)],垂球用于在不平坦地面丈量时将钢尺的端点垂直投影到地面,弹簧秤用于对钢尺施加规定的拉力[图 3-3(c)],温度计用于测定钢尺量距时的温度[图 3-3(d)],以便对钢尺丈量的距离施加温度改正。尺夹用于安装在钢尺末端,以方便持尺员稳定钢尺。

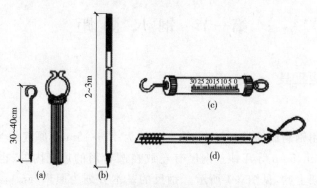

图 3-3　钢尺量距的辅助工具

(a)测钎;(b)标杆;(c)弹簧称;(d)温度计

二、直线定线

1. 两点间定线

(1)经纬仪定线

如图 3-4 所示,做法如下。

1)将经纬仪安置在 A 点,在任意度盘位置照准 B 点。

2)低转望远镜,一人手持木桩,按观测员指挥,在视线方向上根据尺段所需距离定出 1 点,然后再低转望远镜依次定出 2 点。则 A、2、1、B 点在一条直线上。

(2)目测法定线

如图 3-5 所示,做法如下。

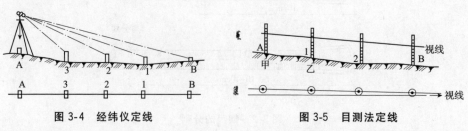

图 3-4　经纬仪定线　　　　图 3-5　目测法定线

1)先在 A、B 点分别竖直立好花杆,观测员甲站在 A 点花杆后面,用单眼通过 A 点花杆一侧瞄准 B 点花杆同一侧,形成连线。

2)观测员乙拿一花杆在待定点 1 处,根据甲的指挥左、右移动花杆。当甲观测到三根花杆成一条直线时,喊"好",乙即可在花杆处标出 1 点,A、1、B 在一条直线上。

3)同法可定出 2 点。

根据同样道理也可做直线延长线的定线工作。

2. 过山头定线

若两点间有山头,不能直接通视,可采用趋近法定线。

(1)目测法

如图 3-6(a),做法如下。

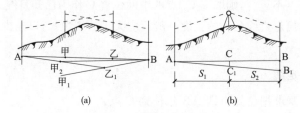

(a)   (b)

图 3-6 过山头定线

1)甲选择既能看到 A 点又能看到 B 点靠近 AB 连线的一点甲$_1$立花杆,乙拿花杆根据甲的指挥,在甲$_1$和 B 点连线上定出乙$_1$点,乙$_1$点应靠近 B 点,但应看到 A 点。

2)甲按乙的指挥,在乙$_1$和 A 点连线上定出甲$_2$点,甲$_2$应靠近 A 点,且能看到 B 点。

这样互相指挥,逐步向 AB 连线靠近,直到 A、甲、乙、点在一条直线上,同时甲、乙、B 点也在一条直线上为止,这时 A、甲、乙、B 四点便在一条直线上。

(2)经纬仪定线

如图 3-6(b)所示,做法如下。

1)将经纬仪安置在 C$_1$ 点,任意度盘位置,正镜后视 A 点,然后转倒镜观看 B 点,由于 C$_1$ 点不可能恰在连线上,因此,视线偏离到 B$_1$ 点。量出距离,按相似三角形比例关系:

$$S_1 : CC_1 = (S_1 + S_2) : BB_1$$

$$CC_1 = \frac{S_1 \times BB_1}{(S_1 + S_2)}$$

S_1、S_2 的长度可以目测。

2)将仪器向 AB 连线移动 CC$_1$ 距离,再按上法进行观测,若视线仍偏离 B 点,再进行调整。直到 A 点、C 点、B 点在一条直线上为止。

3. 正倒镜法定线

如图 3-7 要求把已知直线 AB 延长到 C 点。

图 3-7　正倒镜法足线

具体做法为:将仪器安于 B 点,对中调平后,先以正镜后视 A 点,拧紧水平制动,防止望远镜水平转动,然后纵转望远镜成倒镜,在视线方向线上定出 C_1 点。放松水平制动,再平转望远镜用倒镜后视 A 点,拧紧水平制动,又纵转镜成正镜,定出 C_2 点。若两点不重合,则取 C_1C_2 点的中间位置 C 作为已知直线 AB 的延长线。为了保证精度,规定直线延长的长度一般不应大于后视边长,以减少对中误差对长边的影响。

4. 延伸法定线

如图 3-8,要求把已知直线 AB 延长到 C 点。

具体做法为:将仪器安于 A 点,对中调平后,以正镜照准 B 点,拧紧水平制动,然后抬高望远镜,在前视方向线上定出 C 点,此 C 点就是直线的延长线。

相较正倒镜法定线延伸法有操作简便、对中误差对延长线的影响小等优点。从图 3-9 中可以看出,作同样的延长线,采用正倒镜法,仪器安置于 B 点,当对中偏差为 4mm 时,C_1 点偏离 AB 直线方向 8mm;而采用延伸法,仪器安置于 A 点,对中偏差也为 4mm,但点偏离 AB 直线 4mm,其误差比正倒镜法减少了一半。故实际工作中一般多采用延伸法。为保证测量精度,仪器对中要准确(尤其是垂直视线的方向)。当观测角度较大时,仪器要仔细调平(尤其是在垂直视线的方向)。

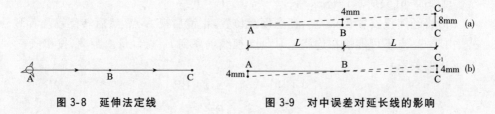

图 3-8　延伸法定线　　　　图 3-9　对中误差对延长线的影响

5. 绕障碍物定线

图 3-10 中,欲将直线 AB 延长到 C 点,但有障碍物不能通视,可利用经纬仪和钢尺配合,用等边三角形或测矩形的方法,绕过障碍物,定出 C 点。

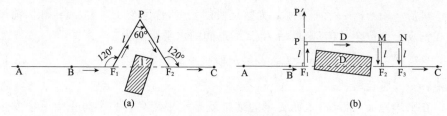

图 3-10 绕障碍物定线

（1）等边三角形

等边三角形的特点是三条边等长，三个内角都等于 60°。

在图 3-10(a)中先作直线 AB 的延长线，定出 F_1 点，移动仪器于 F_1 点，后视 A 点，顺时针测 120°，定出 P 点。移动仪器于 P 点，后视 F_1 点，顺时针测 300°，按 $PF_2 = PF_1$ 定出 F_2 点。移动仪器于 F_2 点，顺时针测 120°定出 C 点。并且得知 $PF_1 = PF_2 = F_1F_2 = l$。

（2）矩形法

矩形的特点是对应边相等，内角为 90°。

在图 3-10(b)中先作直线 AB 的延长线，定出 F_1 点，然后用测直角的方法，按箭头指的顺序，依次定出 P、M、N、F_2、F_3，最后定出 C 点。为减少后视距离短对测角误差的影响，可将图中转点 P 的引测距离适当加长。

三、钢尺测距的一般方法

1. 平坦地面的距离丈量

丈量工作一般由两人进行。如图 3-11 所示，清除待量直线上的障碍物后，在直线两端点 A、B 竖立标杆，后尺手持钢尺的零端位于 A 点，前尺手持钢尺的末端和一组测钎沿方向前进，行至一个尺段处停下。后尺手用手势指挥前尺手将钢尺拉在 AB 直线上，后尺手将钢尺的零点对准 A 点，当两人同时将钢尺拉紧后，前尺手在钢尺末端的整尺段长分划处竖直插下一根测钎（在水泥地面上丈量插不下测钎时，可用油性笔在地面上画线做记号）得到 1 点，即量完一个尺段。前、后尺手抬尺前进，当后尺手到达插测钎或画记号处时停住，重复上述操作，量完第二尺段。后尺手拔起地上的测钎，依次前进，直到量完直线的最后一段为止。

图 3-11 平坦地面的距离丈量

最后一段距离一般不会刚好为整尺段的长度,称为余长。丈量余长时,前尺手在钢尺上读取余长值,则最后 A、B 两点间的水平距离为

$$D_{AB} = n \times 尺段长 + 余长 \tag{3-1}$$

式中:n——整尺段数。

在平坦地面,钢尺沿地面丈量的结果就是水平距离。为了防止丈量中发生错误和提高量距的精度,需要往返丈量。上述为往测,返测时要重新定线。往返丈量距离较差的相对误差 K 为

$$K = \frac{|D_{AB} - D_{BA}|}{\overline{D_{AB}}} \tag{3-2}$$

式中,$\overline{D_{AB}}$ 为往返丈量距离的平均值。在计算距离较短的相对误差时,一般将分子化为 1 的分式,相对误差的分母越大,说明量距的精度越高。对于钢尺量距导线,钢尺量距往返丈量较差的相对误差一般不应大于 1/3000,当量距的相对误差没有超过规定时,取往、返丈量的平均值作为两点间的水平距离。

例如,A、B 的往测距离为 162.73m,返测距离为 162.78m,则相对误差 K 为

$$K = \frac{|162.73 - 162.78|}{162.775} = \frac{1}{3255} < \frac{1}{3000}$$

2. 倾斜地面的距离丈量

(1)平尺丈量法

在斜坡地段丈量时,可将尺的一端抬起,使尺身水平。若两尺端高差不大,可用线坠向地面投点,如图 3-12(a)。若地面高差较大,则可利用垂球架向地面投点,如图 3-12(b)。若量整尺段不便操作,可用零尺段丈量。一般说从上坡向下坡丈量比较方便,因为这时可将尺的 0 端固定在地面桩上,尺身不致窜动。平尺丈量时应注意:①定线要直;②垂线要稳;③尺身要平;④读数要与垂线对齐;⑤尺身悬空大于 6m 时要设水平托桩。

图 3-13 时利用垂球架测距的方法。

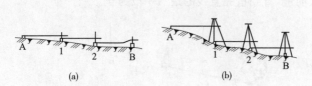

(a)　　　　　　　　　(b)

图 3-12　斜坡地段平尺丈量法

图 3-13　利用垂球架测距

（2）斜距丈量法

如图 3-14,先沿斜坡量尺,并测出尺端高差,然后计算水平距离。计算有两种方法。

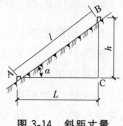

图 3-14 斜距丈量

1）三角形计算法

在直角三角形中,按勾股定理水平丈量记录可参照表 3-1 填写。表中用的是一把 50m 钢尺,已知该尺名义长度比标准尺大 8mm,丈量温度为 25℃,测得 AB 两点间高差为 6.50m,两点高差 1.60m,各项改正是按前式计算的。

表 3-1 水平丈量记录表

距 离 测 量 后 薄									
工程名称						日期 年 月 日 记录			
钢尺号 3#(50m)						钢尺实长 50.008m			
钢尺检定拉力 100N(10kg)						钢尺检定温度 20℃			

尺段编号	实测次数	前尺读数 (m)	后尺读数 (m)	尺数长度 (m)	丈量温度 (℃)	高差 (m)	温差改正 (mm)	尺长改正 (mm)	高差改正 (mm)	实际距离 (m)
A-B	1	45.400	0.029	45.371						
	2	45.400	0.025	45.375	25	6.500	+3	+7	−468	
	3	45.400	0.030	45.370						
	平均			45.372						44.914
B-C	1	48.000	0.043	47.957						
	2	48.000	0.048	47.952	25	1.600	+3	+8	−27	
	4	48.000	0.041	47.959						
	平均			47.956						47.940
…	…	…	…	…	…	…	…			
总和										92.854

2）三角函数法

在图 3-14 中若知道斜坡面与水平线之间的倾斜角,则可利用三角函数关系计算水平距离。

$$L = l \cdot \cos\alpha$$

四、钢尺的检定和尺长改正、温差改正、拉力及挠度改正

标准长度是钢尺在标准温度 20℃、标准拉力(100N)条件下用标准检验台衡量出来的长度。名义长度与标准长度之差叫尺的误差。由于制作和使用过程的温差等外界条件的影响，钢尺一般都存在误差，钢尺上的刻画长度不等于标准长度。为保证丈量精度，使用前要进行检定，求出改正系数，在实际量距时对丈量结果进行改正。在精度要求较高和跨季节测量中更应做好这项工作。

1. 钢尺的鉴定方法

（1）自检

以经过检定的钢尺作为标准尺，把被检尺与标准尺进行比较。方法是：选择平坦场地，两把尺的长度应相等（都是 30m 或 50m），两尺平行摆放，先将两尺的 0 刻画线对齐，然后施以同样大小的拉力，则被检尺与标准尺整尺段的差值就是被检尺的误差。如图 3-15 中 30m 处的刻画差。这种检验方法要经过三次以上的重复比较，最后取平均差值作为检定成果。经检定过的钢尺要在尺架上编号，注明误差值，以备精密丈量使用。

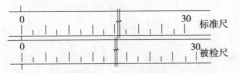

图 3-15 比较法检定钢尺

（2）送检

将尺送专业部门检定，由专业部门提供检验成果。

钢尺误差：

$$\Delta l' = l' - l_0 \tag{3-3}$$

式中：l'——尺名义长度（尺的注字刻画长度＋误差）；

l_0——标准长度；

$\Delta l'$——符号为"＋"表示被检尺大于标准尺，为"－"时表示被检尺小于标准尺。

尺的每米改正系数

$$\Delta d = \frac{l' - l_0}{l_0} \tag{3-4}$$

尺的改正数

$$\Delta l' = \Delta d \cdot l \tag{3-5}$$

【例 3-1】 一把名义长度 30m 的钢尺，经检验实际长度是 30.006m，丈量 80m，计算尺的误差、改正系数、改正数是多少。

解：误差 $\Delta l' = 30.006 - 30.000 = 0.006\text{m} = 6\text{mm}$

改正系数

$$\Delta d = \frac{30.006 - 30.000}{30.000} = 0.2 \times 10^{-4}$$

改正数

$$\Delta l = 2 \times 10^{-4} \times 80 = 0.016 \text{m}$$

2. 尺长改正

【例 3-2】 一把 30m 长的尺,名义长度比标准尺大 6mm,用这把尺量得两点间的距离为 30m(图 3-16),求 AB 的实际距离。

从图中可以看出

实际距离＝名义长度＋误差

＝30.000＋0.006＝30.006m

也就是说,由于名义长度大于标准长度,每量一整尺段就少量了 6mm,故在丈量两点间距离时,应在名义长度的基础上加上尺的误差。当用尺大于标准尺时加的是"＋"值,用尺小于标准尺时加的是"－"值。

如还是用这把尺,欲测设一点 B,要求与 A 点的设计距离为 30m(图 3-17),计算丈量数值是多少。

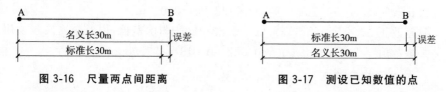

图 3-16　尺量两点间距离　　　　**图 3-17　测设已知数值的点**

从图中可看出

AB 点丈量数量＝名义长度－误差

＝30.000－0.006＝29.994m

也就是说,建立已知距离的点时,丈量数值应在名义长度的基础上减去尺的误差。当用尺大于标准尺时减的是"＋"值,用尺小于标准尺时减的是"－"值。

3. 温差改正

温度的升降对钢尺的伸缩有直接影响,钢尺的线膨胀系数为 0.000012 (1/℃),每米系数 $\alpha = 0.012$mm/m·1℃。

温差改正数

$$\Delta l_1 = 0.012 l(t - t_0) \tag{3-6}$$

式中:l——丈量长度(m);

t_0——检尺时的温度(一般为 20℃);

t——丈量过程中的平均温度。

改正符号与温差符号相同。改正数为:当丈量两点间距离时相加,当测设已知距离时相减。

【例 3-3】 某建筑物有两个控制桩,测设时的距离是 162.000m,因使用时间已久,现需检查桩位是否发生变化。使用 30m 钢尺,名义长度比标准尺大 6mm,丈量时平均温度 28℃,量得两点间距离为 161.950m,计算是否符合原测设距离。

解: 计算式 $\qquad L = l_0 + \Delta l + \Delta l_1$

测量两点间的距离 $\qquad l_0 = 161.950\text{m}$

尺长改正系数 $\qquad \Delta d = \dfrac{30.006 - 30.000}{30.000} = 0.0002$

改正数 $\qquad \Delta l = 0.0002 \times 161.950 = 0.032\text{m}$

温差改正 $\Delta l_1 = 0.012 \times 161.950 \times (28 - 20) \times 10^{-3} = 0.016\text{m}$

实际距离 $\qquad L = 161.950 + 0.032 + 0.016 = 161.998\text{m}$

与原测设距离基本相等,证明桩位没有变动。

【例 3-4】 欲测设一点,设计距离为 138m,使用 30m 钢尺,名义长度比标准尺大 6mm,丈量时平均温度 28℃,计算丈量数值是多少。

解: 计算式 $\qquad L = l - \Delta l - \Delta l_1$

尺长改正 $\qquad \Delta l = 0.0002 \times 138.00 = 0.027\text{m}$

温差改正 $\Delta l_1 = 0.012 \times 138.000 \times (28 - 20) \times 10^{-3} = 0.013\text{m}$

丈量数值 $\qquad L = 138.000 - 0.027 - 0.013 = 137.960\text{m}$

4. 拉力及挠度改正

实际丈量时所用拉力应等于钢尺检定时的拉力,因而不需改正。规定钢尺检定时整尺段用弹簧秤给钢尺施加的拉力为:尺长 30m 拉力 98N,尺长 50m 拉力 147N。

为避免悬空丈量时尺身下垂及挠度对量距的影响,应尽量沿地面量尺。若悬空长度超过 6m 时,中间应加设水平托桩,以保持尺身平直。

挠度对量距的影响见下式。

$$S \approx 2 \times \sqrt{\left(\frac{L}{2}\right)^2 - h^2} = \sqrt{L^2 - 4h^2} \qquad (3\text{-}7)$$

式中:L——尺长;

$\quad h$——挠度;

$\quad S$——长度。

五、钢尺量距的误差分析

1. 尺长误差

如果钢尺的名义长度与实际长度不符,将产生尺长误差。尺长误差具有积累性,丈量的距离越长误差越大。因此新购置的钢尺应经过检定,测出其尺长改正值 Δl_{d}。

2. 温度误差

钢尺的长度随温度变化而变化,当丈量时的温度与钢尺检定时的标准温度不一致时,将产生温度误差。按照钢的膨胀系数计算,丈量距离为 30m 时,温度每变化 1℃,对距离的影响为 0.4mm。

3. 钢尺倾斜和垂曲误差

在高低不平的地面上采用钢尺水平法量距时,钢尺不水平或中间下垂而成曲线时,都会使丈量的长度值比实际长度大。因此丈量时应注意使钢尺水平,整尺段悬空时,中间应有人托住钢尺,否则将产生垂曲误差。

4. 定线误差

丈量时钢尺没有准确地放置在所量距离的直线方向上,使所量距离不是直线而是一组折线,造成丈量结果偏大,这种误差称为定线误差。当偏差为 0.25m 时,丈量 30m 的距离,量距偏大 1mm。

5. 拉力误差

钢尺在丈量时所受拉力应与检定时的拉力相同,拉力变化±2.6kg 时的尺长误差为±1mm。

6. 丈量误差

丈量时在地面上标志尺端点位置处插测钎不准,前、后尺手配合不佳,余长读数不准等都会引起丈量误差,这种误差对丈量结果的影响可正可负,大小不定。在丈量中应尽量做到对点准确,配合协调。

第二节 视 距 测 量

视距测量法是一种间接测距方法,它是利用测量仪器望远镜内十字丝分划板上的视距丝及刻有厘米分划的视距标尺,根据光学原理同时测定两点间的水平距离和高差的一种快速测距方法。

用有视距装置的测量仪器,按光学和三角学原理测定水平距离和高差的方法称为视距测量。水准仪、经纬仪和平板仪的望远镜中,都设有视距丝即视距装置。

视距测量操作简便,不受地形起伏变化的影响,只要测站上的仪器能看到测点上的立尺,便可迅速测算出两点间的水平距离和高差。但精度不高,多用于地形测量中测地形、地物特征点(称为"碎部点")。

一、视距测量的方法

视距测量的步骤如下：

(1)在测站上安置经纬仪，对中、整平。

(2)用皮尺量得经纬仪望远镜水平轴中心到测站点地面的铅垂距离，称为"仪器高"(注意视距测量的"仪器高"与水准测量的"仪器高"称呼相同，但意义不同，不能混为一谈)。在视距尺或水准尺上，用橡皮筋或红色线系在尺读数为 i 的地方，便于照准。将尺竖直立于测点上。

(3)用经纬仪望远镜照准测点上的立尺，旋紧望远镜固定扳手，用望远镜微动螺旋使十字丝横丝正对尺上橡皮筋或红线附近，同时使视距丝上丝正对尺读数处为一整分划处，读上、下丝截得的尺读数，二者之差称为"尺间隔数"(l)。记入视距测量手簿。

(4)再用镜管微动螺旋，使十字丝横丝正对尺上橡皮筋或红线的地方(即尺读数为 i)，读垂直角(α)，亦记入手簿。

(5)用下列公式即可计算测站与测点间的水平距离(d)和高差(h)。

$$d = kl\cos^2\alpha \tag{3-8}$$

$$h = \frac{1}{2}kl\sin2\alpha \tag{3-9}$$

式中：k——视距常数。一般经纬仪 $k=100$。

【例 3-5】 设地面上两点 A、B，将经纬仪置于 A 点，用视距法测得 B 点立尺的尺间隔数 $l=1.176$m，垂直角 $\alpha=17°36'45''$。试求 A、B 两点间的水平距离 d_{AB} 和高差 h_{AB}(视距常数 $k=100$)。

由公式(3-10)得

$$d_{AB} = kl\cos^2\alpha = 100 \times 1.176 \times \cos^2 17°36'45'' = 106.83\text{m}$$

由公式(3-11)得

$$h_{AB} = \frac{1}{2}kl\sin2\alpha = \frac{1}{2} \times 100 \times 1.176 \times \sin(-35°13'30'') = -33.92\text{m}$$

二、视距测量公式的推证

如图 3-18 所示，PQ 垂直于望远镜视线，设在 PQ 线上读得尺间隔数为 l'。光学经纬仪的视距常数 k，两点间距离 d'，在制造时即满足下列关系：

$$k = \frac{d'}{l'} \tag{3-10}$$

所以

$$d' = kl' \tag{3-11}$$

图中△OMP 及△ONP，因 α 角较小，故∠OPM＝∠OQN，且近似等于一直角。

又　$l'=OP+OQ=OM\cos\alpha+ON\cos\alpha$

$(OM+ON)\cos\alpha=l\cos\alpha$

代入式（3-4）

$$d'=kl'=kl\cos\alpha$$

由图 3-18

$$d=d'\cos\alpha=kl\cos^2\alpha$$

此及式（3-1）

又　　　　$d'=kl\cos\alpha$

$$h=d'\cdot\sin\alpha=kl\sin\alpha\cos\alpha=\frac{1}{2}kl\sin^2\alpha$$

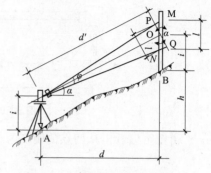

图 3-18　视距测量公式的推证

此及式（3-2）

如 A、B 两点位于同一水平面上，则 $\alpha=0°$，即两点无高差。

第三节　光　电　测　距

一、光电测距仪的构造

光电测距仪构造如图 3-19 所示。

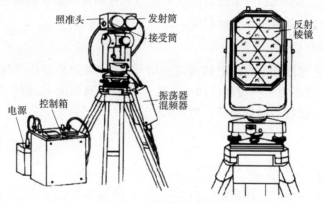

图 3-19　光电测距仪构造

光电测距仪是在经纬仪上加装光电测距头子，一般是配套的，什么型号测距头子配什么样型号的经纬仪，另外配一套反光棱镜。

二、测距原理

光电测距仪的基本原理是通过测定光波在测线两端点间往返传播的时间 t_{2D}，借助光在空气中的传播速度 C 计算两点间的距离 D，如图 3-20 所示。

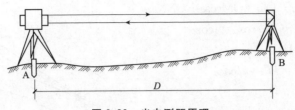

图 3-20　光电测距原理

由图可以看出从两点的距离为

$$D=\frac{1}{2}Ct_{2D} \tag{3-12}$$

式中：D——A、B 两点的距离；

　　　C——光在大气中的传播速度；

　　　t_{2D}——光在 AB 间往、返传播一次所需的时间。

根据获取时间的方式不同，把测距仪分为脉冲法和相位法两种。

1. 脉冲法

由测距仪的发射系统发出光脉冲，经被测目标反射后，再由测距仪的接收系统接收，直接测出这一光脉冲往返所需时间间隔（t_{2D}）的时钟脉冲的个数，然后求得距离 D。脉冲法测距主要优点是功率大、测程远，但测距的绝对精度比较低，一般只能达到米级，尚未达到地籍测量和工程测量所要求的精度。高精度的光电测距仪目前都采用相位法测距。

2. 相位法

相位法是通过测量连续的调制光波信号，在待测距离上往返传播所产生的相位变化，代替测定信号传播时间 t_{2D}，从而获得被测距离 D，图 3-21 表示调制光波在测线上往程和返程展开后的形状。

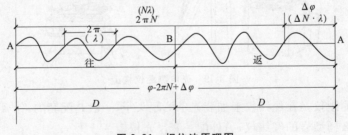

图 3-21　相位法原理图

两点间的距离为

$$D=\frac{\lambda}{2}(N+\Delta N)=L_{s}(N+\Delta N) \tag{3-13}$$

式中: N——调制光波往返程总位移整周期个数;

　　ΔN——不足整数的比例数;

　　L_s——光电测距仪光尺的尺长;

　　λ——调制光波波长。

相位法与脉冲法相比,其主要优点在于测距精度高。目前精度高的光电测距仪能达到毫米级,甚至高达 0.1mm 级。但由于发射功率不可能很大,测程相对较短。

三、光电测距仪测距误差分析

1. 周期误差

这是一种由于仪器内部光电信号干扰而引起的误差。它随所测距离的不同而作周期性变化,变化周期为半个波长,误差曲线为正弦曲线。

2. 固定误差

(1)对中误差。此项误差只要作业人员精心操作,无论用光学对中器还是用垂球对中,一般均可把对中误差控制在±3mm 之内。

(2)仪器加常数校正误差。光电测距仪制造时由于仪器的内光路等效测距面和仪器的安置中心不一致,产生距离偏差 d_1;反射棱镜的等效反射面和反射棱镜的安置中心不重合,产生距离偏差 d_2,如图 3-22 所示。综合 d_1、d_2 得改正数 d,称为仪器加常数。所测距离 D_{AB} 应为按相位差求得的距离 D_0 与加常数 d 之和,即这个加常数的改正通常在仪器制造时已考虑进去。但是,可能因某种环境因素的变化而使加常数发生变化,对测距有所影响。这个变化值称为剩余加常数 K,可通过检验求得。

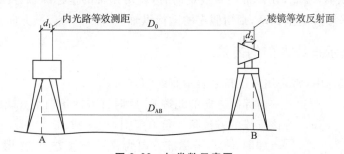

图 3-22　加常数示意图

3. 比例误差

(1)光速测定误差。其相对误差为 1/75 万,对测距影响很小。

(2)大气折射率误差。该项误差由气象参数测定误差和气象参数代表性误差两项引起。光波在大气中的折射率随测量时的温度、气压等气象条件变化而变化,这些因素的变化都将造成测距误差。

(3)调制频率的误差。调制频率决定了测尺长度,调制频率变化将给测距成果带来误差,此项误差将随距离增大而增大,其比例常数可称为乘常数,短边可不考虑其影响,但长边测量要加以检定和改正。

第四节 定 向 直 线

确定地面上两点之间的相对位置,仅知道两点之间的水平距离是不够的,还必须确定此直线与标准方向之间的水平夹角。确定直线与标准方向之间的水平角度称为直线定向。

一、标准方向的种类

1. 真子午线方向

通过地球表面某点的真子午线的切线方向,称为该点的真子午线方向,真子午线方向是用天文测量方法或用陀螺经纬仪测定的。

2. 磁子午线方向

磁子午线方向是磁针在地球磁场的作用下,磁针自由静止时其轴线所指的方向。磁子午线方向可用罗盘仪测定。

3. 标纵轴方向

我国采用高斯平面直角坐标系,每一 6°带或 3°带内都以该带的中央子午线作为坐标纵轴,因此,在该带内直线定向时,就用该带的坐标纵轴方向作为标准方向。如采用假定坐标系,则用假定的坐标纵轴(X 轴)作为标准方向。

二、表示直线方向的方法

测量工作中,常采用方位角来表示直线的方向。

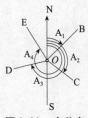

图 3-23 方位角示意

由标准方向的北端起,顺时针方向量到某直线的夹角,称为该直线的方位角。角值范围为 0°~360°。

如图 3-23,若标准方向为真子午线方向,并用 A 表示真方位角,则 A_1、A_2、A_3、A_4 分别为直线 OB、OC、OD、OE 的真方位角。若 ON 为磁子午线方向,则各角分别为相应直线的磁方位角。磁方位角用 Am 表示。若 ON 为坐标纵轴方向,则各角分别为相应直线的坐标方位角,用 α 表示之。

三、几种方位角之间的关系

1. 真方位角与磁方位角之间的关系

由于地磁南北极与地球的南北极并不重合,因此,过地面上某点的真子午线方向与磁子午线方向常不重合,两者之间的夹角称为磁偏角,如图 3-24 中的 δ。磁针北端偏于真子午线以东称东偏,偏于真子午线以西称西偏。直线的真方位角与磁方位角之间可用下式进行换算

图 3-24 磁偏角示意

$$A = A_m + \delta \tag{3-14}$$

式(3-14)中的 δ 值,东偏取正值,西偏取负值。我国磁偏角的变化大约在 $+6°$ 到 $-10°$ 之间。

2. 真方位角与坐标方位角之间的关系

中央子午线在高斯平面上是一条直线,作为该带的坐标纵轴,而其他子午线投影后为收敛于两极的曲线,如图 3-25 所示。图中地面点 M、N 等点的真子午线方向与中央子午线之间的夹角,称为子午线收敛角,用 ν 表示。ν 角有正有负。在中央子午线以东地区,各点的坐标纵轴偏在真子午线的东边,ν 为正值;在中央子午线以西地区,ν 为负值。某点的子午线收敛角 ν,可用该点的高斯平面直角坐标为引数,在测量计算用表中查到。

也可用下式计算:

$$\nu = (L - L_0) \sin B \tag{3-15}$$

式中:L_0 ——中央子午线的经度,

L、B ——计算点的经、纬度。

真方位角与坐标方位角之间的关系,如图 3-26 所示,可用下式进行换算

$$A_{12} = \alpha_{12} + \nu$$

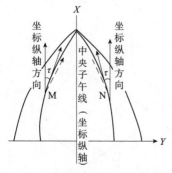

图 3-25 真方位角与坐标方位角的关系

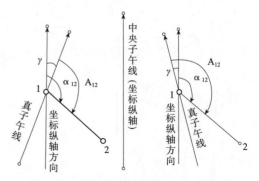

图 3-26 坐标方位角与磁方位角的关系

3. 坐标方位角与磁方位角的关系

若已知某点的磁偏角 δ 与子午线收敛角 ν，则坐标方位角与磁方位角之间的换算式为

$$\alpha = A_m + \delta - \nu \tag{3-16}$$

四、正、反坐标方位角

测量工作中的直线都是具有一定方向的。如图 3-27，直线 1-2 的点 1 是起点，点 2 是终点；通过起点 1 的坐标纵轴方向与直线 1-2 所夹的坐标方位角 α_{12}，称为直线 1-2 的正坐标方位角。过终点 2 的坐标纵轴方向与直线 2-1 所夹的坐标方位角，称为直线 1-2 的反坐标方位角（是直线 2-1 的正坐标方位角）。正、反坐标方位角相差 $180°$，即

$$\alpha_{12} = \alpha_{21} + 180° \tag{3-17}$$

由于地面各点的真（或磁）子午线收敛于两极，并不互相平行，致使直线的反真（或磁）方位角不与正真（或磁）方位角差 $180°$，给测量计算带来不便，故测量工作中均采用坐标方位角进行直线定向。

五、坐标方位角的推算

为了整个测区坐标系统的统一，测量工作中并不直接测定每条边的方向，而是通过与已知点（其坐标为已知）的连测，以推算出各边的坐标方位角。如图 3-28，B、A 为已知点，AB 边的坐标方位角为已知，通过连测求得 A-B 边与 A-1 边的连接角为 β'，测出了各点的右（或左）角 β_A、β_1、β_2 和 β_3，现在要推算 A-1、1-2、2-3 和 3-A 边的坐标方位角。所谓右（或左）角是指位于以编号顺序为前进方向的右（或左）边的角度。

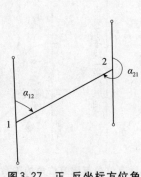

图 3-27　正、反坐标方位角

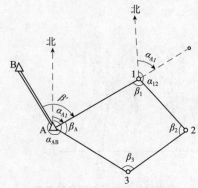

图 3-28　坐标方位角的推算

由图 3-28 可以看出

$$\alpha_{A1} = \alpha_{AB} + \beta'$$
$$\alpha_{12} = \alpha_{1A} - \beta_{1(右)} = \alpha_{A1} + 180° - \beta_{1(右)}$$
$$\alpha_{23} = \alpha_{12} + 180° - \beta_{2(右)}$$
$$\alpha_{3A} = \alpha_{23} + 180° - \beta_{3(右)}$$
$$\alpha_{A1} = \alpha_{23} + 180° - \beta_{A(右)}$$

将算得 α_{A1} 与原已知值进行比较,以检核计算中有无错误。计算中,如果 $\alpha +$ $180°$ 小于 $\beta_{(右)}$,应先加 $360°$ 再减 $\beta_{(右)}$。

如果用左角推算坐标方位角,由图 3-28 可以看出

$$\alpha_{12} = \alpha_{A1} + 180° + \beta_{1(左)}$$

计算中如果以值大于 $360°$,应减去 $360°$,同理可得

$$\alpha_{23} = \alpha_{12} + 180° + \beta_{2(左)}$$

从而可以写出推算坐方位角的一般公式为

$$\alpha_{前} = \alpha_{后} + 180° \pm \beta \tag{3-18}$$

式(3-19)中,β 为左角取正号,为右角取负号。

第五节　罗盘仪测定磁方位角

一、罗盘仪的构造

罗盘仪是测量直线磁方位角的仪器,见图 3-29 所示。罗盘仪构造简单,使用方便,但精度不高,外界环境对仪器的影响较大,如钢铁建筑和高压电线都会影响其精度。当测区内没有国家控制点可用,需要在小范围内建立假定坐标系的平面控制网时,可用罗盘仪测量磁方位角,作为该控制网起始边的坐标方位角;陀螺经纬仪精确定向时,也需要先用罗盘仪粗定向。

罗盘仪的主要部件有磁针、刻度盘、望远镜和基座。

(1)磁针。磁针用人造磁铁制成,磁针在度盘中心的顶针尖上可自由转动。为了减轻顶针尖的磨损,不用时,可用磁针固定螺旋升高磁针固定杆,将磁针固定在玻璃盖上。

(2)刻度盘。用钢或铝制成的圆环,随望远镜一起转动,每隔 $10°$ 有一注记,按逆时针方向从 $0°$ 注记到 $360°$,最小分划为 $1°$。刻度盘内装有一个圆水准器或者两个相互垂直的管水准器,用手控制气泡居中,使罗盘仪水平。

(3)望远镜。罗盘仪的望远镜与经纬仪的望远镜结构基本相似,也有物镜对光螺旋、目镜对光螺旋和十字丝分划板等,望远镜的视准轴与刻度盘的 $0°$ 分划线共面。

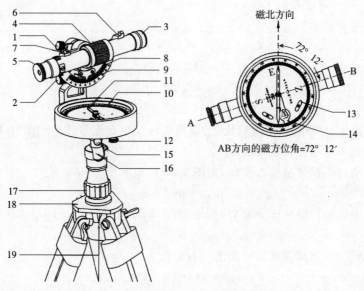

图 3-29　罗盘仪

1-望远镜制动螺旋；2-望远镜微动螺旋；3-物镜；4-物镜调焦螺旋；5-目镜调焦螺旋；6-准星；

7-照门；8-竖直度盘；9-竖盘读数指标；10-水平度盘；11-磁针；12-磁针固定螺旋；13-管水准器；

14-磁针固定杆；15-水平制动螺旋；16-球臼接头；17-接头螺丝；18-三脚架头；19-垂球线

（4）基座。采用球臼结构，松开接头螺旋，可摆动刻度盘，使水准气泡居中，度盘处于水平位置，然后拧紧接头螺旋。

二、用罗盘仪测定直线磁方位角的方法

欲测直线的磁方位角，将罗盘仪安置在直线起点 A，挂上垂球对中后，松开球臼接头螺旋，用手向前、后、左或右方向转动刻度盘，使水准器气泡居中，拧紧球臼接头螺丝，使仪器处于对中与整平状态。松开磁针固定螺旋，让它自由转动；转动罗盘，用望远镜照准 B 点标志；待磁针静止后，按磁针北端所指的度盘分划值读数，即为直线 AB 的磁方位角值，如图 3-29 所示。

使用罗盘仪时，应避开高压电线和避免铁质物体接近仪器，测量结束后，应旋紧固定螺旋将磁针固定在玻璃盖上。

第四章 角 度 测 量

第一节 水平角测量原理

　　地面上不同高程点之间的夹角是以其在水平面上投影后水平夹角的大小来表示的。图 4-1 中 A、O、B 是三个位于不同高程的点,为了测出 A、O、B 三点水平角 β 的大小,在角顶 O 点上方任意高度安置经纬仪,使经纬仪的中心(水平度盘中心)与 O 点在一条铅垂线上;先用望远镜照准 A 点(后视称始边),读取后视度盘读数 a;再转动望远镜照准 B 点(前视称终边),读取读数 b,则视线从始边转到终边所转动的角度就是地面上 A、O、B 点所夹的水平角,也就是∠AOB 沿 OA、OB 两个竖直面投影到水平面 P 上的∠aob,其角值为水平度盘的读数差,即:

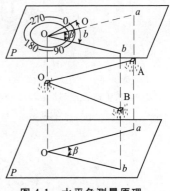

图 4-1 水平角测量原理

$$\beta = b - a$$

式中:a——后视度盘读数;

　　　b——前视度盘读数。

　　测量水平角时,视线仰、俯角度的大小对水平角值无影响。

第二节 光学经纬仪的构造及使用

一、光学经纬仪的构造及读数方法

　　光学经纬仪大都采用玻璃度盘和光学测微装置,它有读数精度高、体积小、重量轻、使用方便和封闭性能好等优点。经纬仪的代号为"DJ",意为大地测量经纬仪。按其测量精度分为 J_2、J_6、J_{15}、J_{60} 等型号。角标 2、6、15、60 为经纬仪观测水平角方向时测某一测回方向中误差不大于的数值,称为经纬仪测量精度,如 J_6 级经纬仪简称为 6″级经纬仪。

测微器的最小分划值称经纬仪的读数精度,有直读 0.5″、1″、6″、20″、30″等多种。

1. 光学经纬仪的基本构造

施工测量常用的是 J6 级经纬仪,图 4-2 是 DJ$_2$ 型经纬仪的外形图。主要由照准部、水平度盘、基座三部分组成,如图 4-3 所示。

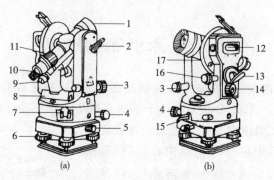

图 4-2　J$_6$经纬仪外形

1-望远镜物镜;2-望远镜制动螺旋;3-望远镜微动螺旋;4-水平微动螺旋;5-轴座连接螺旋;6-脚螺旋;
7-复测器扳手;8-照准部水准器;9-读数显微镜;10-望远镜目镜;11-物镜对光螺旋;12-竖盘指标水准管;
13-反光镜;14-测微轮;15-水平制动螺旋;16-竖盘指标水准管微动螺旋;17-竖盘外壳

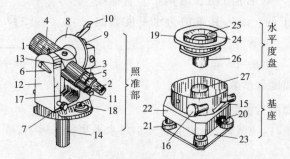

图 4-3　经纬仪组成部件

1-望远镜物镜;2-望远镜目镜;3-望远镜调焦环;4-准星;5-照门;6-望远镜固定扳手;
7-望远镜微动螺旋;8-竖直度盘;9-竖盘指标水准管;10-竖盘水准管反光镜;11-读数显微镜目镜;
12-支架;13-横轴;14-竖直轴;15-照准部制动螺旋;16-照准部微动螺旋;17-水准管;18-圆水准器;
19-水平度盘;20-轴套固定螺旋;21-脚螺旋;22-基座;23-三角形底板;24-度盘插座;25-度盘轴套;
26-外轴;27-度盘旋转轴套

(1)照准部

主要包括望远镜、读数装置、竖直度盘、水准管和竖轴。

1)望远镜。望远镜的构造和水准仪望远镜构造基本相同,是照准目标用的。不同的是它能绕横轴转动横扫一个竖直面,可以测量不同高度的点。十字丝刻画板如图 4-4 所示,瞄准目标时应将目标夹在两线中间或用单线照准目标中心。

2)测微器。测微器是在度盘上精确地读取读数的设备,度盘读数通过棱镜组的反射,成像在读数窗内,在望远镜旁的读数从显微镜中读出。不同类型的仪器测微器刻画有很大区别,施测前一定要熟练掌握其读数方法,以免工作中出现错误。

3)竖轴。照准部旋转轴的几何中心叫仪器竖轴,竖轴与水平度盘中心相重合。

4)水准管。水准管轴与竖轴相垂直,借以将仪器调整水平。

(2)水平度盘

水平度盘是一个由玻璃制成的环形精密度盘,盘上按顺时针方向刻有从 $0°\sim 360°$ 的刻画,用来测量水平角。度盘和照准部的离合关系由装置在照准部上的复测器扳手来控制。度盘绕竖轴旋转。操作程序是:扳上复测器,度盘与照准部脱离,此时转动望远镜,度盘数值变化;扳下复测器,度盘和照准部结合,转动望远镜,度盘数值不变。注意工作中不要弄错。

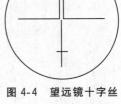

图 4-4　望远镜十字丝刻画板

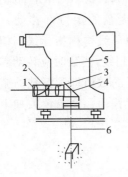

图 4-5　光学对中器光路图

1-目镜;2-刻画板;3-物镜;

4-反光棱镜;5-竖轴轴线;

6-光学垂线

(3)基座。

基座是支撑照准部的底座。将三脚架头上的连接螺栓拧进基座连接板内,仪器就和三脚架连在一起。连接螺栓上的线坠钩是水平度盘的中心,借助线坠可将水平度盘的中心安置在所测角角顶的铅垂线上。有的经纬仪装有光学对中器(图 4-5),与线坠相比,它有精度高和不受风吹干扰的优点。

仪器旋转轴插在基座内,靠固定螺丝连接。该螺丝切不可松动,以防因照准部与基座脱离而摔坏仪器。

(4)光路系统

图 4-6 中,光线由反镜(1)进入,经玻璃窗(2)、照明棱镜(3)转折 180° 后,再经竖盘(4)后带着竖盘分划线的影像,通过竖盘照准棱镜(5)和显微物镜(6),使竖盘分划线成像在水平度盘(7)分划线的平面上,竖盘和水平度盘分划线的影像经场镜(8)、照准棱镜(9)由底部转折 180° 向上,通过水平度盘显微物镜(10)、平行玻璃板(11)、转向棱镜(12)和测微尺(13),使水平度盘分划、竖盘度盘分划以及测微尺同时成像在读数窗(14)上,再经转向棱镜(15)转折 90°,进入读数显微镜(16),在读数显微镜中读数(17)。平板玻璃与测

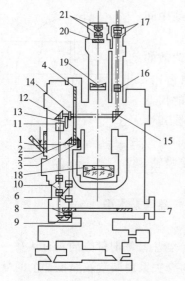

图 4-6 型经纬仪光路示意图

微尺连在一起，由测微轮操纵绕同一轴转动，由于平板玻璃的转动（光折射），度盘影像也在移动，移动值的大小，即为测微尺上的读数。

有的经纬仪没有复测扳手，而是装置了水平度盘变换手轮来代替扳手，这种仪器转动照准部时，水平度盘不随之转动。如要改变度盘读数，可以转动水平度盘变换手轮。例如要求望远镜瞄准点后水平度盘的读数为 0°00′00″，操作时先转动测微轮，使测微尺读数为 00′00″，然后瞄准 ρ 点，再转动度盘变换手轮，使度盘读数为 0°，此时瞄准 ρ 点后的读数即为 0°00′00″。

2. 光学经纬仪的读教方法

（1）测微轮式光学经纬仪的读数方法

图 4-7 是从读数显微镜内看到的影像，上部是测微尺（水平角和竖直角共用），中间是竖直度盘，下部是水平度盘。度盘从 0°～360°，每度分两格，每格 30′，测微尺从 0′～30′ 每分又分三格，每格 20″（不足 20″ 的小数可估读）。转动测微轮，当测微尺从 0′ 移到 30′ 时，度盘的像恰好移动一格（30′）。位于度盘像格内的双线及位于测微尺像格内的单线均称指标线。望远镜照准目标时，指标双线不一定恰好夹住度盘的某一分划线，读数时应转动测微轮使一条度盘分划线精确地平分指标双线，则该分划线的数值即为读数的整数部分。不足 30′ 的小数再从测微尺上指标线所对应位置读出。度盘读数加上测微尺读数即为全部读数。图 4-7（a）是水平度盘读数 47°30′＋17′30″＝47°47′30″。图 4-7（b）是竖盘读数 108°＋06′40″＝108°06′40″。

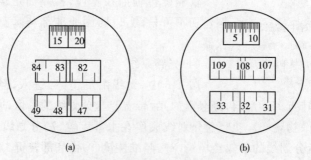

（a）　　　　　　（b）

图 4-7 测微轮式读数窗影像

（2）测微尺式光学经纬仪读数方法

图 4-8 是从读数显微镜内看到的读数影像，上格是水平度盘和测微尺的影像，

下格是竖盘和测微尺的影像。水平度盘和竖盘上一度的间隔,经放大后与测微尺的全尺相等。测微尺分 60 等分,最小分划值为 $1'$,小于 $1'$ 的数值可以估读。度盘分划线为指标线。读数时度盘度数可以从居于测微尺范围内的度盘分划线所注字直接读出,然后仔细看准度盘分划线落在尺的哪个小格上,从测微尺的零至度盘分划线间的数值就是分数。图 4-8 中上格水平度盘读数为 $47°53'$,下格竖盘读数为 $81°5'24''$。

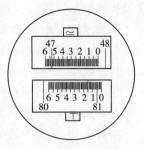

图 4-8　测微尺式读数窗影像

二、经纬仪的安置与水平角观测

1. 经纬仪的安置

经纬仪的安置包括对中和整平,其目的是使仪器竖轴位于过测站点的铅垂线上,水平度盘和横轴处于水平位置,竖盘位于铅垂面内。对中的方式有垂球对中和光学对中两种,整平分粗平和精平。

粗平是通过伸缩脚架腿或旋转脚螺旋使圆水准气泡居中,其规律是圆水准气泡向伸高脚架腿的一侧移动,或圆水准气泡移动方向与用左手大拇指或右手食指旋转脚螺旋的方向一致;精平是通过旋转脚螺旋使管水准气泡居中,要求将管水准器轴分别旋至相互垂直的两个方向上使气泡居中,其中一个方向应与任意两个脚螺旋中心连线方向平行。如图 4-9 所示,旋转照准部至图 4-9(a)的位置,旋转脚螺旋 1 或 2 使管水准气泡居中;然后旋转照准部至图 4-9(b)的位置,旋转脚螺旋 3 使管水准气泡居中,最后还要将照准部旋回至图 4-9(a)的位置,查看管水准气泡的偏离情况,如果仍然居中,则精平操作完成,否则还需按前面的步骤再操作一次。

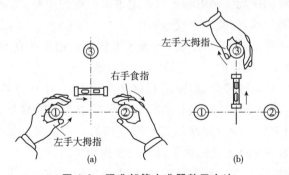

图 4-9　照准部管水准器整平方法

经纬仪安置的操作步骤是:打开三脚架腿,调整好其长度使脚架高度适合于观测者的高度,张开三脚架,将其安置在测站上,使架头大致水平。从仪器箱中取出经纬仪放置在三脚架头上,并使仪器基座中心基本对齐三脚架头的中心,旋紧连接螺旋后,即可进行对中整平操作。

使用垂球对中和光学对中器对中的操作步骤是不同的,分别介绍如下。

(1)使用垂球对中法安置经纬仪

将垂球悬挂于连接螺旋中心的挂钩上,调整垂球线长度使垂球尖略高于测站点。

粗对中与粗平:平移三脚架(应注意保持三脚架头面基本水平),使垂球尖大致对准测站点标志,将三脚架的脚尖踩入土中。

精对中:稍微旋松连接螺旋,双手扶住仪器基座,在架头上移动仪器,使垂球尖准确对准测站标志点后,再旋紧连接螺旋。垂球对中的误差应小于3mm。

精平:旋转脚螺旋使圆水准气泡居中,转动照准部,旋转脚螺旋,使管水准气泡在相互垂直的两个方向上居中。旋转脚螺旋精平仪器时,不会破坏前已完成的垂球对中关系。

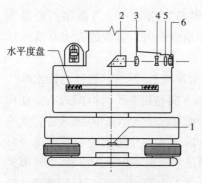

图 4-10　光学对中器光路

(2)使用光学对中法安置经纬仪

光学对中器也是一个小望远镜,如图 4-10 所示。它由保护玻璃(1)、反光棱镜(2)、物镜(3)、物镜调焦镜(4)、对中标志分划板(5)和目镜(6)组成。使用光学对中器之前,应先旋转目镜调焦螺旋使对中标志分划板十分清晰,再旋转物镜调焦螺旋(有些仪器是拉伸光学对中器)看清地面的测点标志。

粗对中:双手握紧三脚架,眼睛观察光学对中器,移动三脚架使对中标志基本对准测站点的中心(应注意保持三脚架头基本水平),将三脚架的脚尖踩入土中。

精对中:旋转脚螺旋使对中标志准确对准测站点的中心,光学对中的误差应小于粗平:伸缩脚架腿,使圆水准气泡居中。

精平:转动照准部,旋转脚螺旋,使管水准气泡在相互垂直的两个方向上居中。精平操作会略微破坏前面已完成的对中关系。

再次精对中:旋松连接螺旋,眼睛观察光学对中器,平移仪器基座(注意,不要有旋转运动),使对中标志准确对准测站点标志,拧紧连接螺旋。旋转照准部,在相互垂直的两个方向检查照准部管水准气泡的居中情况。如果仍然居中,则仪器安置完成,否则应从上述的精平开始重复操作。

光学对中的精度比垂球对中的精度高,在风力较大的情况下,垂球对中的误差将变得很大,这时应使用光学对中法安置仪器。

2. 瞄准和读数

测角时的照准标志,一般是竖立于测点的标杆、测钎、用三根竹竿悬吊垂球的线或觇牌,如图 4-11 所示。测量水平角时,以望远镜的十字丝竖丝瞄准照准标志。

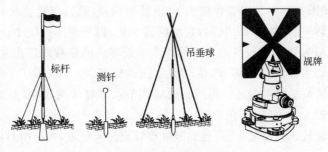

图 4-11　照准标志

望远镜瞄准目标的操作步骤如下。

(1)目镜对光。松开望远镜制动螺旋和水平制动螺旋,将望远镜对向明亮的背景(如白墙、天空等,注意不要对向太阳),转动目镜使十字丝清晰。

(2)粗瞄目标。用望远镜上的粗瞄器瞄准目标,旋紧制动螺旋,转动物镜调焦螺旋使目标清晰,旋转水平微动螺旋和望远镜微动螺旋,精确瞄准目标。可用十字丝纵丝的单线平分目标,也可用双线夹住目标,如图 4-12 所示。

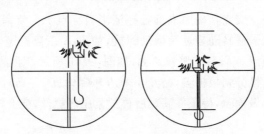

图 4-12　水平角测量瞄准照准标志的方法

(3)读数。读数时先打开度盘照明反光镜,调整反光镜的开度和方向,使读数窗亮度适中,旋转读数显微镜的目镜使刻画线清晰,然后读数。

三、经纬仪的检验与校正

经纬仪在使用之前需经过检验,必要时需对其可调部件加以校正,使之满足要求。经纬仪的检验、校正项目很多,现只介绍几项主要轴线间几何关系的检校,即照准部水准管轴垂直于仪器的竖轴(LL⊥VV);横轴垂直于视准轴(HH⊥CC),横轴垂直于竖轴(HH⊥VV),以及十字丝竖丝垂直于横轴的检校。另外,由于经纬仪要观测竖角,竖盘指标差的检验和校正也在此作出介绍。

1. 照准部水准管轴应垂直于仪器竖轴的检验和校正

检验:将仪器大致整平。转动照准部使水准管平行于一对脚螺旋的连线,调节脚螺旋使水准管气泡居中。转动照准部180°,此时如气泡仍然居中则说明条件满足,如果偏离量超过一格,则应进行校正。

校正:如图4-13(a),水准管轴水平,但竖轴倾斜,设其与铅垂线的夹角为α。将照准部旋转180°,如图4-13(b),竖轴位置不变,但气泡不再居中,水准管轴与水平面的交角为2α。通过气泡中心偏离水准管零点的格数表现出来。改正时,先用拨针拨动水准管校正螺丝,使气泡退回偏离量的一半(等于α),如图4-13(c),此时几何关系即得满足。再用脚螺旋调节水准管气泡居中,如图4-13(d),这时水准管轴水平,竖轴竖直。

此项检验校正需反复进行,直到照准部转至任何位置,气泡中心偏离零点均不超过一格为止。

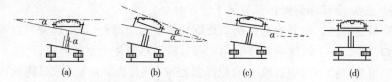

图4-13 照准部管水准器的检验与校正

2. 十字丝竖丝启垂直于仪器横轴的检验校正

检验:用十字丝交点精确照准远处一清晰目标点A。旋紧水平制动螺旋与望远镜制动螺旋,慢慢转动望远镜微动螺旋,如点A不离开竖丝,如图4-14a所示,则条件满足若点A偏移于竖丝两侧,如图4-14b所示,则需要校正。

校正:旋下目镜分划板护盖,松开4个压环螺丝(图4-15),慢慢转动十字丝分划板座,然后再做检验,待条件满足后再拧紧压环螺丝,旋上护盖。

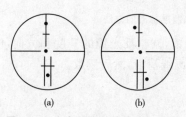

图4-14 十字丝竖丝的检验与校正

图4-15 十字丝竖丝的检验与校正

(1)视准轴应垂直于横轴的检验和校正

检验:检验J_6级经纬仪常用四分之一法。

选择一平坦场地,A、B两点相距约60~100米,安置仪器于中点O,在A点立一标志,在B点横置一根刻有毫米分划的小尺,使尺子与OB垂直如图4-16。标志、小尺应大致与仪器同高。盘左瞄准A点,纵转望远镜在B点尺上读数B_1[图4-16(a)]。盘右再瞄准A点,纵转望远镜,又在小尺上读数B_2[图4-16(b)]。

若 B_1 与 B_2 重合,则条件满足。如不重合,由图可见,$\angle B_1 O B_2 = 4C$,由此算得

$$C'' = \frac{\overline{B_1 B_2}}{4D} \cdot \rho''$$

式中:D——O 点至小尺的水平距离。若 $C'' > 60''$,则需要改正。

校正:在尺上定出一点 B_3,使 $\overline{B_2 B_3} = \frac{1}{4}\overline{B_1 B_2}$ 便和横轴垂直。用拔针拔动图 5-16 中左右两个十字丝校正螺旋,一松一紧,左右移动十字分划板,直至十字丝交点与 B_3 影像重合。这项检校也需反复进行。

3. 横轴与竖轴垂直的检验和校正

检验:在距一高目标约 50m 处安置仪器,如图 4-17 所示。盘左瞄准高处一点 P,然后将望远镜放平,由十字丝交点在墙上定出一点 P_1。盘右再瞄准 P 点,再放平望远镜,在墙上又定出一点 P_2(P_1、P_2 应在同一水平线上,且与横轴平行),则 i 角可依下式计算

$$i'' = \frac{\overline{P_1 P_2}}{2} \cdot \frac{\rho''}{D} \cot\alpha \tag{4-1}$$

式中:α——P 点之竖直角,D 为仪器至 P 点的水平距离。

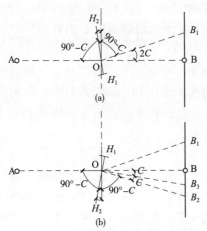

图 4-16 视准轴应垂直于横轴的检验和校正
(a)盘左;(b)盘右

图 4-17 视准轴应垂直于横轴的检验和校正

这个式子可由图 4-17 得出:由图知

$$2(i) = \overline{P_1 P_2}/D$$

由式(4-1)知

$$(i)'' = i'' \tan\alpha$$

$$i'' = (i)'' \cot\alpha = \frac{\overline{P_1 P_2}}{2} \cdot \frac{\rho''}{D} \cot\alpha$$

对 J_6 级经纬仪,i 角不超过 $20''$ 可不校正。

校正:此项校正应打开支架护盖,调整偏心轴承环。如需校正,一般应交专业维修人员处理。

4. 竖盘指标差的检验和校正

检验:安置仪器,用盘左、盘右两个镜位观测同一目标点,分别使竖盘指标水准管气泡居中,读取竖盘读数 L 和 R,用式(4-1)计算指标差 x。如工超出 $\pm1'$ 的范围,则需改正。

校正:经纬仪位置不动(此时为盘右,且照准目标点),不含指标差的盘右读数应为 $R-x$。转动竖直度盘指标水准管微动螺旋,使竖盘读数为 $R-x$,这时指标水准管气泡必然不再居中,可用拨针拨动指标水准管校正螺旋使气泡居中。这项检验校正也需反复进行。

5. 光学对中器的检验校正

常用的光学对中器有两种,一种是装在仪器的照准部上,另一种装在仪器的三角基座上。无论哪一种,都要求其视准轴与经纬仪的竖直轴重合。

(1)装在照准部上的光学对中器

1)检验方法。安置经纬仪于三脚架上,将仪器大致整平(不要求严格整平)。在仪器下方地面上放一块画有"十"字的硬纸板。移动纸板,使对中器的刻画圈中心对准"十"字影像,然后转动照准部 180°。如刻画圈中心不对准"十"字中心,则需进行校正。

2)校正方法。找出"十"字中心与刻画圈中心的中点 P。松开两支架间圆形护盖上的两颗螺钉,取下护盖,可见转像棱镜座如图 4-18。调节螺钉 2 可使刻画圈中心前后移动,调节螺钉 1 可使刻脚圈中心左右移动。直至刻画圈中心与 P 点重合为止。

(2)三角基座上的光学对中器

1)检验方法。先校水准器。沿基座的边缘,用铅笔把基座轮廓画在三脚架顶部的平面上。然后在地面放一张毫米纸,从光学对中器视场里标出刻画圈中心在毫米纸上的位置;稍松连接螺旋,转动基座 120° 后固定。每次需把基座底板放在所画的轮廓线里并整平,分别标出刻画圈中心在毫米纸上的位置,若三点不重合,则找出示误三角形的中心以便改正。

2)校正方法。用拨针或螺丝刀转动光学对中器的调整螺丝,使其刻画圈中心对准示误三角形中心点。

图 4-19 为 T2 经纬仪的光学对点器外观图。用拨针将光学对中器目镜后的三个校正螺丝(图中只见两个,另一个在镜筒下方)都略为松开,根据需要调整,使刻画图中心与示误三角形中心一致。

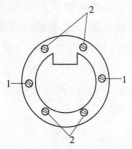

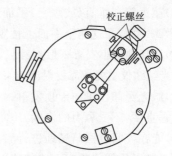

图4-18　光学对中器校正　　　　　图 4-19　光学对中器校正

第三节　激光经纬仪的构造及应用

一、激光经纬仪的构造

图 4-20 是某仪器厂生产的 J_2-J_D 型激光经纬仪,它以 J_2 型光学经纬仪为基础,在望远镜上加装一枚 He-Ne 气体激光器而成。

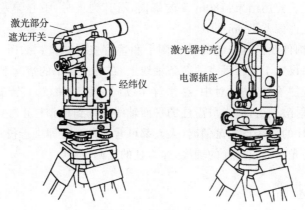

图 4-20　激光经纬仪

二、激光经纬仪的操作方法

J_2-J_D 激光经纬仪的经纬仪部分操作方法与 J_2 型光学经纬仪相同,激光器部分与激光水准仪的操作方法相同。

三、激光经纬仪的特点和应用

激光经纬仪除具有普通经纬仪的技术性能,可作常规测量外,又能发射激光,供作精度较高的角度坐标测量和定向准直测量。它与一般工程经纬仪相比,有如下的特点。

（1）望远镜在垂直（或水平）平面上旋转，发射的激光可扫描形成垂直（或水平）的激光平面，在这两个平面上被观测的目标，任何人都可以清晰地看到。

（2）当场地狭小安置一般经纬仪逼近测量目标时，如仰角大于 50°，就无法观测。激光经纬仪主要依靠发射激光束来扫描定点，可不受场地狭小的影响。

（3）激光经纬仪可向天顶发射一条垂直的激光束，用它代替传统的锤球吊线法测定垂直度，不受风力的影响，施测方便、准确、可靠。

（4）能在夜间或黑暗场地进行测量工作。

由于激光经纬仪具有上述的特点，特别适合做以下的施工测量工作。

（1）高层建筑及烟囱、塔架等高耸构筑物施工中的垂度观测和准直定位。如国家建委二局一公司在某电厂 180m 钢筋混凝土烟囱滑模施工中，与天津大学协作，用一台 KASSEL 型经纬仪，加装一个 He-Ne 激光管，制成激光对中仪，仪器置于地下室烟囱中心点上，将激光的阴极对准中心点，调整经纬仪水准管，使气泡居中，严格整平后，进行望远镜调焦，使光斑直径最小，这时仪器射出的激光束，反应在平台接受靶上，即可测出烟囱的中心（图 4-21）。由于使用激光对中仪对中，比用传统的垂球对中节约时间，提高了精度，并可随时检查筒身中心线，便于及时纠偏。使用结果：180m 高的烟囱，滑升到顶时，中心偏差只有 1.2cm，为国家规范允许偏差 18cm 的 1/15。

（2）结构构件及机具安装的精密测平和垂直控制测量。如图 4-22 所示，用两台激光经纬仪置于互相垂直的两条轴线上，在场地狭小的情况下，可以比一般经纬仪更接近柱子。安置、对中、整平等手续同一般经纬仪。转动望远镜，打开折光开关，发射激光束，使光斑沿柱的平面轴线扫描到柱脚校正柱脚位置后缓缓仰视柱顶，如柱的轴线与光斑偏离（人人都可看到），可立即进行校正。两台激光经纬仪发射的光斑都正对柱的轴线，即为柱的正确位置。

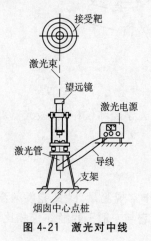

图 4-21　激光对中线

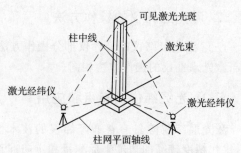

图 4-22　用激光经纬仪定柱法

(3)管道铺设及隧道、井巷等地下工程施工中的轴线测设及导向测量工作。

第四节 激光铅垂仪的构造及应用

一、激光铅垂仪构造

激光铅垂仪是一种供竖直定位的专用仪器,适用于高层建(构)筑物的竖直定位测量。它主要由氦氖激光器、竖轴、发射望远镜、水准器和基座等部件组成,基本构造如图4-23。

激光器通过两组固定螺钉固定在套筒内。仪器的竖轴是一个空心筒轴。仪器两端有螺扣连接望远镜和激光器。激光器安装在筒轴的下(或上)端,发射望远镜安装在上(或下)端。即构成向上(或向下)发射的激光铅垂仪。仪器上设置有两个互成90°的水准器,其角值一般为20″/2mm。仪器配有专用激光电源,使用时利用激光器底端(全反射棱镜端)所发射的激光束进行对中,通过调节基座整平螺旋,使水准管气泡严格对中,接通激光电源便可垂直发射激光束。

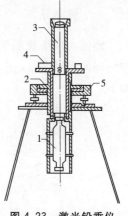

图 4-23 激光铅垂仪基本构造

二、激光铅垂仪的应用

随着施工新技术的应用(如滑模施工),要求测量人员快速频繁地给出建筑物的中心位置。在这种情况下,大多数施工单位都采用激光铅垂仪来实现目的。例如某热电厂扩建工程中的一座高150m的烟囱的施工,某大桥的桥墩施工,均采用了激光铅垂仪。

在烟囱的滑模施工中,可在其底部的中央设置仪器井,激光铅垂仪固定安置在其中。进行投点时,在工作平台中央安置接收靶,仪器操作员打开激光电源,使激光束向上射出,调节望远镜调焦螺旋,直至接收靶上得到明显的光斑,然后整平仪器,使竖轴垂直(垂直后,当仪器绕竖轴旋转时,光斑中心始终在同一点或划一个小圆);在接收靶处的观测员,根据光斑可在接收靶上记录下激光束的位置,并随着铅垂仪绕竖轴的旋转,记录下光斑的移动轨迹(一般为一个小圆)。此时,小圆的中心即为铅垂仪的投射位置。根据这一投射中心位置可直接测出滑模中心的偏离值(图4-24),以提供施工人员调整

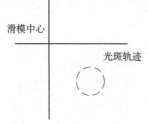

图 4-24 光斑与滑模中心

滑模位置。

在实际作业中,仪器经检校后,在 150m 高处,光斑中心所滑出的小圆能控制在 10mm 以内。我国深圳某大厦采用激光铅垂仪观测垂直度,最大垂直偏差25mm,约为总高度(159.45m)的 1/6000。

第五节　水平角测量方法

一、测回法

测回法用于观测两个方向之间的单角。如图 4-25 所示,要测量 BA、BC 两方向间的水平角 β,在 B 点安置好经纬仪后,观测∠ABC 一测回的操作步骤如下。

图 4-25　测回法观测水平角

(1)盘左(竖盘在望远镜的左边,也称正镜)瞄准目标点 A,旋开水平度盘变换锁止螺旋,将水平读数配置在 0°左右。检查瞄准情况后读数水平度盘读数为0°06′24″,计入表 4-1 的相应栏内。

A 点方向称为零方向。由于水平度盘是顺时针注记,因此选取零方向时,一般应使另一个观测方向的水平度盘读数大于零方向的读数。

(2)旋转照准部,瞄准目标 C 点,读取水平度盘读数为 111°46′18″,计入表 4-1 的相应栏内。计算正镜观测的角度值为 111°46′18″−0°06′24″=111°39′54″,称为上半测回角值。

(3)纵转望远镜至盘右位置(竖盘在望远镜的右边,也称倒镜),旋转照准部,瞄准目标点 C,读取水平盘读数为 291°46′36″,计入表 4-1 的相应栏内。

(4)旋转照准部瞄准目标点 A,读取水平度盘读数为 180°06′48″,计入表 4-1的相应栏内。计算倒镜观测的角度值为为 291°46′36″−180°06′48″=111°39′48″,称为下半测回角值。

表 4-1　水平角读数观测记录(测回法)

测站	目标	竖盘位置	水平度盘读数 (° ′ ″)	半测回角值 (° ′ ″)	一测回平均角值 (° ′ ″)	各测回平均值 (° ′ ″)
一测回B	A	左	0 06 24	111 39 54	111 39 51	111 39 52
	C		111 46 18			
	A	右	180 06 48	111 39 48		
	C		291 46 36			
二测回B	A	左	90 06 18	111 39 48	111 39 54	
	C		201 46 06			
	A	右	270 06 30	111 40 00		
	C		21 46 30			

(5)计算检核。计算出上、下半测回角度值之差为 $111°39'54'' - 111°39'48'' = 6''$,小于限差值 $±40''$ 则取上、下半测回角度值的平均值作为一测回角度值。

《城市测量规范》没有给出测回法半测回角差的容许值,根据图根控制测量的测角中误差为 $±20''$,一般取中误差的两倍作为限差,即为 $±40''$。当测角精度要求较高时,一般需要观测几个测回。为了减少水平度盘分划误差的影响,各测回间应根据测回数,以 $180°/n$ 为增量配置水平度盘。

表 4-1 为观测两测回,第二测回观测时,A 方向的水平度盘应配置为 90° 左右。如果第二测回的半测回角差符合要求,则取两测回角值的平均值作为最后结果。

二、方向观测法

当测站上的方向观测数不小于 3 时,一般采用方向观测法。如图 4-26 所示,测站点为 O,观测方向有 A、B、C、D 四个。在 O 点安置仪器,在四个目标中选择一个标志十分清晰的点作为零方向。以 A 点为零方向时的一测回观测操作步骤如下。

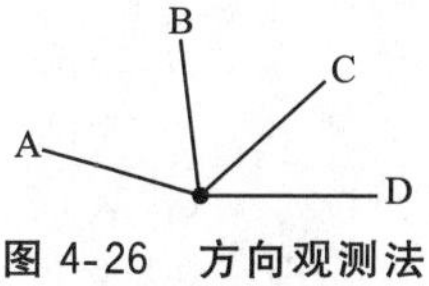

图 4-26　方向观测法观测水平角

(1)上半测回操作:盘左瞄准 A 点的照准标志,将水平度盘读数配置在 0° 左右(称 A 点方向为零方向),检查瞄准情况后读取水平度盘读数并记录。松开制动螺旋,顺时针转动照准部,依次瞄准点的照准标志进行观测,其观测顺序是 A→B→C→D→A 最后返回到零方向 A 点的操作称为上半测回归零,两次观测零方向 A 的读数之差称为归零差。规范规定,对于 DJ6 经纬仪,归零差不应大于 $18''$。

(2)下半测回操作:纵转望远镜,盘右瞄准 A 点的照准标志,读数并记录,松开制动螺旋,逆时针转动照准部,依次瞄准点的照准标志进行观测,其观测顺序是 A→D→C→B→A,最后返回到零方向 A 点的操作称下半测回归零,至此,一测回观测操作完成。如需观测几个测回,各测回零方向应以 $180°/n$ 为增量配置水平度盘读数。

(3)计算步骤

①计算 2C 值(又称两倍照准差)

理论上,相同方向的盘左、盘右观测值应相差 $180°$,如果不是,其偏差值称 2C,计算公式为

$$2C = 盘左读数 - (盘右读数 \pm 180°) \tag{4-2}$$

式 4-2 中,盘右读数大于 $180°$ 时,取"$-$"号,盘右读数小于 $180°$ 时,取"$+$"号,计算结果填入表 4-2 的第 6 栏。

②计算方向观测的平均值

$$平均读数 = \frac{1}{2}[盘左读数 + (盘右读数 \pm 180°)] \tag{4-3}$$

使用式(4-3)计算时,最后的平均读数为换算到盘左读数的平均值,也即盘右读数通过加或减 $180°$ 后,应基本等于盘左读数,计算结果填入第 7 栏。

③计算归零后的方向观测值

先计算零方向两个方向值的平均值(表 4-2 中括号内的数值),再将各方向值的平均值均减去括号内的零方向值的平均值,计算结果填入第 8 栏。

表 4-2　方向观测法观测手簿

测站	测回数	目标	读数 盘左 (° ′ ″)	读数 盘右 (° ′ ″)	2C=左-(右±180°)	平均读数=$\frac{1}{2}$[左+(右±180°)]	归零后方向值	各测回归零后方向值的平均值
1	2	3	4	5	6	7	8	9
		A	0 02 06	180 02 00	+6	(0 02 06) 0 02 03	0 00 00	
		B	51 15 42	231 15 30	+12	51 15 36	51 13 30	
O	1	C	131 54 12	311 54 00	+12	131 54 06	131 52 00	
		D	182 02 24	2 02 24	0	182 02 24	182 00 18	
		A	0 02 12	180 02 06	4.6	0 02 09		
		A	90 03 30	270 03 24	+6	(90 03 32) 90 03 27	0 00 00	0 00 00
		B	141 17 00	321 16 54	+6	141 16 57	51 13 25	51 13 28
O	2	C	221 55 42	41 55 30	+12	221 55 36	131 52 04	131 52 02
		D	272 04 00	92 03 54	+6	272 03 57	182 00 25	182 00 22
		A	90 03 36	270 03 36	0	90 03 36		

④计算各测回归零后方向值的平均值

取各测回同一方向归零后方向值的平均值,计算结果填入第9栏。

⑤计算各目标间的水平夹角

根据第9栏的各测回归零后方向值的平均值,可以计算出任意两个方向之间的水平夹角。

三、方向观测法的限差

《城市测量规范》规定,方向观测法的限差应符合表4-3的规定。

表4-3　方向观测法的各项限差

经纬仪型号	半测回归零差	一测回内2C互差	同一方向值各测回较差
DJ$_2$	12″	18″	9″
DJ$_6$	18″	—	24″

当照准点的垂直角超过±3°时,该方向的2C较差可按同一观测时间段内的相邻测回进行比较,其差值仍按表4-3的规定。按此方法比较应在手簿中注明。

在表4-2的计算中,两个测回的归零差分别为6″和12″,小于限差要求的18″;B、C、D三个方向值两测回较差分别为5″、4″、7″,小于限差要求的24″。观测结果满足规范的要求。

四、水平角观测的注意事项

(1)仪器高度应与观测者的身高相适应;三脚架要踩实,仪器与脚架连接应牢固,操作仪器时不要用手扶三脚架;转动照准部和望远镜之前,应先松开制动螺旋,操作各螺旋时,用力要轻。

(2)精确对中,特别是对短边测角,对中要求应更严格。

(3)当观测目标间高低相差较大时,更应注意整平仪器。

(4)照准标志要竖直,尽可能用十字丝交点瞄准标杆或测钎底部。

(5)记录要清楚,应当场计算,发现错误,立即重测。

(6)一测回水平角观测过程中,不得再调整照准部管水准气泡,如气泡偏离中央超过2格时,应重新整平与对中仪器,重新观测。

第六节　竖直角测量方法

一、竖直角的用途

竖直角主要用于将观测的倾斜距离换算为水平距离或计算三角高程。

1. 倾斜距离换算为水平距离

如图 4-26 所示,测得两点间的斜距 S 及竖直角 α,其水平距离 D 的计算公式为:

$$D = S\cos\alpha \tag{4-4}$$

2. 三角高程计算

如图 4-27(b)所示,当用水准测量方法测定两点间的高差 h_{AB} 有困难时,可以利用图中测得的斜距 S、竖直角 α、仪器高 i、标杆高 v,依式计算 h_{AB}。

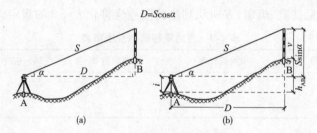

图 4-27　竖直角测量的用途

$$h_{AB} = S\sin\alpha + i - v \tag{4-5}$$

已知 A 点的高程 H_A 时,B 点高程 H_B 的计算公式为

$$H_B = H_A + h_{AB} = H_A + S\sin\alpha + i - v \tag{4-6}$$

上述测量高程的方法称为三角高程测量。2005 年 5 月我国测绘工作者测得世界最高峰——珠穆朗玛峰顶岩石面的海拔高程为 8844.43m,使用的就是三角高程测量方法。

二、竖盘构造

如图 4-28 所示,经纬仪的竖盘固定在望远镜横轴一端并与望远镜连接在一起,竖盘随望远镜一起绕横轴旋转,竖盘面垂直于横轴。竖盘读数指标与竖盘指

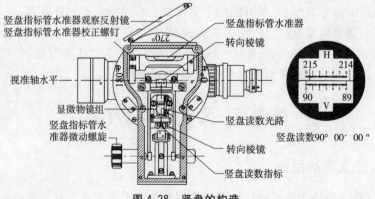

图 4-28　竖盘的构造

标管水准器连接在一起,旋转竖盘管水准器微动螺旋将带动竖盘指标管水准器和竖盘读数指标一起作微小的转动。竖盘读数指标的正确位置是:望远镜处于盘左且竖盘指标管水准气泡居中时,读数窗竖盘读数应为 $90°$(有些仪器设计为 $0°$、$180°$或 $270°$,本书均定为 $90°$)。竖盘注记为 $0°\sim 360°$,分顺时针和逆时针注记两种形式,本书只介绍顺时针注记的形式。

三、竖直角的计算

如图 4-29(a)所示,望远镜位于盘左位置,当视准轴水平、竖盘指标管水准气泡居中时,竖盘读数为 $90°$;当望远镜抬高 α 角度照准目标、竖盘指标管水准气泡居中时,竖盘读数设为 L,则盘左观测的竖直角为

$$\alpha_L = 90° - L \tag{4-7}$$

如图 4-29(b)所示,纵转望远镜于盘右位置,当视准轴水平、竖盘指标管水准气泡居中时,竖盘读数为 $270°$当望远镜抬高 α 角度照准目标、竖盘指标管水准气泡居中时,竖盘读数设为 R,则盘右观测的竖直角为

$$\alpha_R = R - 270° \tag{4-8}$$

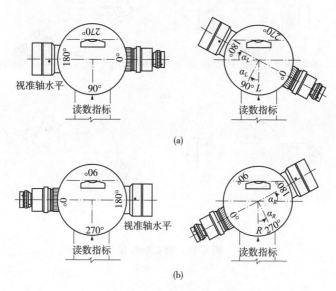

图 4-29 竖直角测量原理

(a)盘左;(b)盘右

四、竖盘指标差

当望远镜视准轴水平,竖盘指标管水准气泡居中时,竖盘读数为 $90°$(盘左)或 $270°$(盘右)的情形称为竖盘指标管水准器与竖盘读数指标关系正确,竖直角

计算公式(4-9)和(4-10)是在这个条件下推导出来的。

当竖盘指标管水准器与竖盘读数指标关系不正确时,则望远镜视准轴水平时的竖盘读数相对于正确值 90°(盘左)或 270°(盘右)有一个小的角度偏差称为竖盘指标差,如图 4-30 所示。设所测竖直角的正确值为 α,则考虑指标差 x 时的竖直角计算公式应为:

$$\alpha = 90° + x - L = \alpha_L + x \tag{4-9}$$

$$\alpha = R - (270° + x) = \alpha_R - x \tag{4-10}$$

将式(4-9)减去式(4-10)求出指标差 x 为

$$x = \frac{1}{2}(\alpha_R - \alpha_L) \tag{4-11}$$

取盘左、盘右所测竖直角的平均值 α 可以消除指标差 x 的影响。

$$\alpha = \frac{1}{2}(\alpha_R + \alpha_L) \tag{4-12}$$

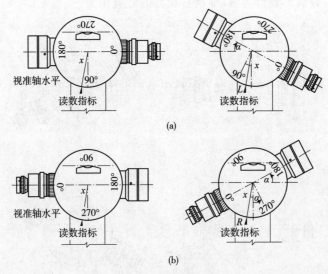

图 4-30　竖盘指标差

(a)盘左;(b)盘右

五、竖直角观测

竖直角观测应用横丝瞄准目标的特定位置,例如标杆的顶部或标尺上的某一位置。竖直角观测的操作步骤如下。

(1)在测站点上安置经纬仪,用小钢尺量出仪器高,仪器高是测站点标志顶部到经纬仪横轴中心的垂直距离。

(2)盘左瞄准目标,使十字丝横丝切于目标某一位置,旋转竖盘指标管水准器微动螺旋使竖盘指标管水准气泡居中,读取竖盘读数 L。

(3)盘右瞄准目标,使十字丝横丝切于目标同一位置,旋转竖盘指标管水准器微动螺旋使竖盘指标管水准气泡居中,读取竖盘读数 R。

竖直角的记录见表 4-4。

表 4-4 竖直角观测手簿

测站	目标	竖盘位置	竖盘读(°′″)	半测回竖直角(°′″)	指标差(″)	一测回竖直角(°′″)
A	B	左	81 18 42	−8 41 18	+6	+8 41 24
		右	278 41 30	+8 41 30		
	C	左	124 03 30	−34 03 30	+12	−34 03 18
		右	235 56 54	−34 03 06		

六、竖盘指标自动归零补偿器

观测竖直角时,每次读数之前,都应旋转竖盘指标管水准器微动螺旋使竖盘指标管水准气泡居中,这就降低了竖直角观测的效率。现在,只有少数光学经纬仪仍在使用这种竖盘读数装置,大部分光学经纬仪及所有的电子经纬仪和全站仪都采用了竖盘指标自动归零补偿器。

竖盘指标自动归零补偿器是在仪器竖盘光路中,安装一个补偿器来代替竖盘指标管水准器,当仪器竖轴偏离铅垂线的角度在一定范围内时,通过补偿器仍能读到相当于竖盘指标管水准气泡居中时的竖盘读数。竖盘指标自动归零补偿器可以提高竖盘读数的效率。

竖盘指标自动归零补偿器的构造形式有多种,图 4-31 为应用两根金属丝悬吊一组光学透镜作竖盘指标自动归零补偿器的结构图,其原理见图 4-32 所示。它是在读数指标和竖盘之间悬吊一组光学透镜,当仪器竖轴铅垂、视准轴水平时,读数指标处于铅垂位置,通过补偿器读出竖盘左位置的正确读数为 90°。当仪器竖轴稍有倾斜,视准轴仍然水平时,因无竖盘指标管水准器及其微动螺旋可以调整,读数指标由 A 偏斜到 A′ 处,而悬吊的透镜因重力的作用由 O 偏移到 O′ 处,此时,在 A′ 处的读数指标,通过 O′ 处的透镜,仍能显示正确读数 90°,达到竖盘指标自动归零补偿作用。

《城市测量规范》规定,对 DJ₆ 级光学经纬仪,竖盘指标自动归零补偿器的补偿范围为 ±2′,安平中误差为 ±1″。

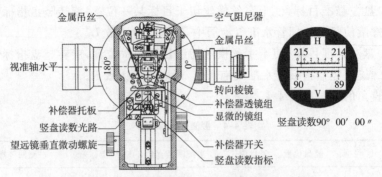

图 4-31　吊丝式竖盘指标自动归零补偿器结构图

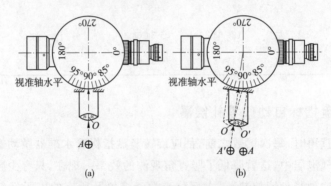

图 4-32　竖盘指标自动归零补偿器原理

第七节　实测操作要领及注意事项

一、误差产生原因及注意事项

(1)采用正倒镜法,取其平均值,以消除或减小误差对测角的影响。

(2)对中要准确,偏差不要超过 2~3mm,后视边应选在长边,前视边越长对投点误差越大,而对测量角的精度越高。

(3)三脚架头要支平,采用线坠对中时,架头每倾斜 6mm,垂球线约偏离度盘中心 1mm。

(4)目标要照准。物镜、目镜要仔细对光,以消除视差。要用十字线交点照准目标。投点时铅笔要与竖丝平行,以十字线交点照准铅笔尖。测点立花杆时,要照准花杆底部。

(5)仪器要安稳,观测过程不能碰动三脚架,强光下要撑伞,观测过程要随时检查水准管气泡是否居中。

（6）操作顺序要正确。使用有复测器的仪器，照准后视目标读数后，应先扳上复测器，后放松水平制动，避免度盘随照准部一起转动，造成错误。在瞄准前视目标过程中，复测器扳上再转动水平微动，测微轮式仪器要对齐指标线后再读数。

（7）仪器不平（横轴不水平），望远镜绕横轴旋转扫出的是一个斜面，竖角越大，误差越大。

（8）测量成果要经过复核，记录要规则，字迹要清楚。

二、指挥信号

水平角测量过程与水准测量过程的指挥方式基本相同。略有不同的是：在测角、定线、投点过程中，如果目标（铅笔、花杆）需向左移动，观测员要向身侧伸出左手，掌心朝外，做向左摆动之势；若目标需向右移动，观测员要向右伸手，做向右摆动之势。若视距很远要以旗势代替手势。

第五章　新型测量技术

第一节　全站仪测量技术

一、全站仪概述

1. 全站仪的发展状况

全站仪是电子测距、电子测角、微型计算机及其软件组合而成的智能型的光电测量仪器,如图 5-1 和图 5-2 所示。自从全站仪问世以来,大体上走过了三代。第一代主要表现为望远镜的同轴照准、测距与电子经纬仪测角的一体化,当时的测距精度在 10mm 左右;第二代全站仪主要表现为计算机软件进入全站仪和测距精度提高到 5mm 左右;第三代全站仪主要表现为自动化程度与测距、测角精度的进一步提高。

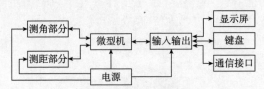

图 5-1　全站仪结构框图

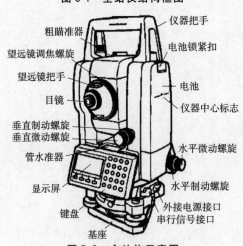

图 5-2　全站仪示意图

目前,世界上许多著名的测绘仪器生产厂商均生产有各种型号的全站仪。如日本的宾得、索佳、拓普康、尼康;美国的天宝、瑞士的徕卡、德国的蔡司、我国的 NTS 系列、苏一光的 OTS 系列和 RTS 系列等(图 5-3),在我国众多的工程单位都有广泛的应用。

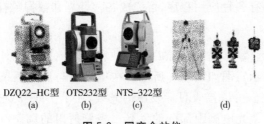

DZQ22–HC型　OTS232型　NTS–322型
(a)　　　(b)　　　(c)　　　　　　　(d)

图 5-3　国产全站仪

(a)北京光学仪器厂生产;(b)苏州第一光学仪器厂生产;
(c)广州南方测绘仪器公司生产;(d)各种反射棱镜片

2. 全站仪的特点

全站仪可以完成几乎所有的常规测量工作,可应用于控制测量、地形测量、工程测量等测量工作中。全站仪主要有以下特点:

(1)可在一个测站上同时实现多项功能,并能存储一定数量的观测数据。全站仪可以实现的功能有:①测角度(水平角与垂直角);②测距离(斜距、平距、高差);③测空间坐标;④放样(线放样与坐标放样)。

(2)可通过传输接口把野外采集的数据与计算机、绘图仪连接起来,再配以数据处理软件和绘图软件,可实现测图的自动化。

(3)全站仪内部有双轴补偿器,可自动测量仪器竖轴和水平轴的倾斜误差,并对角度观测值加以改正。

3. 全站仪的精度等级

根据 2004 年 3 月 23 日实施的《全站型电子速测仪检定规程》(JJG 100—2003)的规定,按 1km 的测距标准偏差 m_D 计算,精度分为四级,如表 5-1。

表 5-1　全站仪精度等级表(JJG 100—2003)

精度等级	测角标准偏差	测距标准偏差	精度等级	测角标准偏差	测距标准偏差
I	$m_\beta \leq 1''$	$m_D \leq (1+1 \cdot D)\text{mm}$	III	$2'' < m_\beta \leq 6''$	$(3+2 \cdot D)\text{mm} < m_D \leq (5+5 \cdot D)\text{mm}$
II	$1'' < m_\beta \leq 2''$	$(1+1 \cdot D)\text{mm} < m_D \leq (3+2 \cdot D)\text{mm}$	IV	$6'' < m_\beta \leq 10''$	$m_D > (5+5 \cdot D)\text{mm}$

二、国产全站仪的主要构成

全站仪主机是一种光、机、电、算、贮存一体化的高科技全能测量仪器。测距部分由发射、接收与照准组成共轴系统的望远镜完成,测角部分由电子测角系统完成,机中电脑编有各种应用程序,可完成各种计算和数据贮存功能。

1. 望远镜

全站仪的望远镜中,瞄准目标的视准轴和光电测距的红外光发射接收光轴是同轴的,其光路示意图如图 5-4 所示。在望远镜与调焦透镜中间设置分光棱镜系统,使它一方面可以接收目标发出的光线,在十字线分划板上成像,进行测角时的瞄准;又可使光电测距部分的发光二极管射出的调制红外光经物镜射向目标棱镜,并经同一路径反射回来,由光敏二极管接收(称为外光路),同时还接收在仪器内部通过光导纤维由发光二极管传来的调制红外光(称为内光路),由内、外光路调制光的相位差计算所测距离。

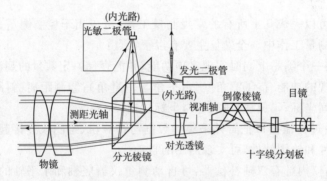

图 5-4　全站仪望远镜的光路

全站仪望远镜是测角瞄准与测距光路同轴的,可一次瞄准目标棱镜即能同时测定水平角、竖直角和斜距。望远镜也能作 360°纵转,通过直角目镜,可以瞄准天顶目标(施工测量中常有此需要),并可测得其铅垂距离(高差)。

2. 键盘

全站仪的键盘为测量时的操作指令和数据输入的部件,键盘上的键分为硬键和软件键(也叫软键)两种。每个硬键有固定的功能或兼有第二、第三功能;软键与屏幕最下一行显示的菜单相配合,使软键在不同的功能菜单下有多种功能。

3. 存储器

测量数据先在仪器内存储起来,然后传送到外围设备(电子记录手簿和计算器),全站仪的存储器有机内存储器和存储卡两种。

(1)机内存储器。机内存储器相当于计算机中的内存(RAM),可利用它来暂时存储或读出(存/取)测量数据,其容量的大小随仪器的类型而异,较大的内存可以存储 8000 个点的观测数据。现场测量所必需的已知数据也可以放入内存。经过接口线将内存数据传输到计算机以后,可以将其消除。

(2)存储卡。存储卡的作用相当于计算机的磁盘,用作全站仪的数据存储装置,卡内有集成电路、能进行大容量存储的元件和运算处理的微处理器。一台全站仪可以使用多张存储卡。通常,一张卡能存储数千个点的距离、角度和坐标数据。在与计算机进行数据传送时,通常使用叫做卡片读出打印机(卡读器)的专用设备。

将测量数据存储在卡上后,可把卡送往办公室处理测量数据。同样,在室内将坐标数据等存储在卡上后,把卡送到野外测量现场,就能使用卡中的数据。

4. 软件构造

全站仪除了能测定地面点之间的水平角、竖直角、斜距、平距与高差等直接观测值以及进行有关这些观测值的改正(例如竖直角的指标差改正、距离测量的气象改正)外,一般还设置一些简单的计算程序(软件),能在测量现场实时计算出待定点的三维坐标(平面坐标 x_i、y_i 和高程 H_i、点与点之间的水平距离、高差和方位角,或根据已知的设计坐标计算出放样数据。这些软件的内容如下。

(1)三维坐标测量。将全站仪安置在已知坐标点上,后视已知点方向并求出仪器的视线高,这样在未知点上立反射棱镜即可求出该测点的三维坐标(x_i、y_i、y_i)。

(2)对边测量。将全站仪安置在能同时看到两欲测点的测站上,测出两边长及夹角,通过软件即可算出两欲测点的间距及高差。

(3)后方交会。在一待定点上,通过观测二个已知点后,即可通过二边一夹角的软件算出待定点坐标,叫做后方交会。若观测二个以上的已知点,则有了多余观测的校核,又可通过软件的平差而提高精度。

(4)悬高测量。观测某些不能安置反射棱镜的目标(如高空桁架、高压电线等)的高度时,可在目标下面或上面安置棱镜来测定的方法叫做悬高测量或遥测高程。

(5)偏心测量。如欲测出某烟囱的中心坐标,而在其中线两侧安置棱镜,观测后通过软件即可算出不可到达的中心坐标。

(6)放样测量。通过实测边长或实测点位与设计边长或设计点位的比较,对实测点进行改正,以达到放样的目的。

三、全站仪的使用

全站仪是光、电、机、算、贮等功能综合,构造精密的自动化仪器。使用前一定要仔细阅读仪器说明书,了解仪器的性能与特点。仪器要专人使用,定期检查主机与附件是否运转正常、齐全。在现场观测中仪器与反射棱镜均必须有专人看守以防摔、砸。

1. 角度的测量

(1)选择水平角显示方式。水平角显示具有左角 HL（逆时针角）和右角 HR（顺时针角）两种形式可供选择，进行测量前，应首先将显示方式进行定义。

(2)进行水平度盘读数设置。测定两条直线间的夹角，先将其中一点 A 作为第一目标，通过键盘操作，将望远镜照准该方向时水平度盘的读数设置为 $0°00'00''$。

(3)照准第二个目标 B，此时显示的水平度盘读数即为两方向间的水平夹角，记入测量手簿即可。

(4)如果测竖直角，可在读取水平度盘的同时读取竖盘的显示读数。

(5)如果测量方位角，可在已知点上设站，照准另一已知点时，则该方向的坐标方位角是已知量，此时可设置水平度盘的读数为已知坐标方位角值，称为水平度盘定向。此后，照准其他方向时，水平度盘显示的读数即为该方向的坐标方位角值。

2. 距离的测量

(1)设置棱镜常数

测距前须将棱镜常数输入仪器中，仪器会自动对所测距离进行改正。棱镜常数已在厂家所附的说明书或在棱镜上标出，供测距时使用。在精密测量中，为减少误差，应使用仪器检定时使用的棱镜类型。

(2)设置大气改正值或气温、气压值

光在大气中的传播速度会随大气的温度和气压的变化而变化，15℃ 和 760mmHg 是仪器设置的一个标准值，此时的大气改正为 0ppm。实测时，可输入温度和气压值，全站仪会自动计算大气改正值（也可直接输入大气改正值），并对测距结果进行改正。

(3)量取仪器高、棱镜高

应注意，有些型号的全站仪在距离测量时不能设定仪器高和棱镜高，显示的高差值是全站仪横轴中心与棱镜中心的高差。

(4)测量距离

①测距模式的选择。全站仪距离测量有精测、速测（或称粗测）和跟踪测等模式可供选择，故应根据测距的要求通过键盘预先设定。

②照准目标棱镜中心，按测距键，进入距离测量模式，当精确瞄准目标点上的棱镜时，通过设定的信号音响，即可检查返回信号的强弱。

③同时开始距离测量，测距完成时显示屏上会同时显示水平角 HR、水平距离 HD、高差 VD 或水平角 HR、竖直角 V、斜距 SD。

全站仪常用的测距模式有精测模式、跟踪模式两种模式。精测模式是最常用的测距模式,分单次精测和连续精测。最小显示单位跟踪模式,常用于跟踪移动目标或放样时连续测距。

3. 坐标的测量

如图 5-5 所示,A、B 两点是地面上的控制点(平面坐标和高程已知),C 点为待测点。用全站仪测定地面点 C 三维坐标的方法如下。

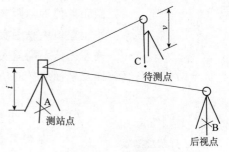

图 5-5　坐标测量

(1)全站仪安置在 A 点上,该点称为测站点,B 点称为后视点。全站仪对中、整平后,进行气象等基本设置。

(2)定向设置:输入测站点 A 的坐标 x_A、y_A,高程 H_A,全站仪的仪高 i。后视点的坐标 x_B、y_B,按计算方位键,精确瞄准后视点 B 后按设定方位键,仪器自动计算出 AB 方向的方位角 α_{AB},并将其设为当前水平角(这时仪器水平度盘被锁定,水平度盘 0°方向为坐标纵轴 x 方向。)。

(3)转动全站仪瞄准 C 点,输入反射棱镜高 v,按坐标测量键,仪器就能根据 α_{AC} 和距离 D_{AC} 以及测站点的坐标自动计算出 C 点位置的坐标 x_C、y_C,高程 H_C,做好记录。

注意:若全站仪未设置输入反射棱镜高 v、仪高 i,仪器在自动计算时就没有考虑棱镜高 v、仪高 i 的因素。因此,所测定地面点的高程成果错误。

4. 地形碎部测量

地物和地貌的特征点称为碎部点。按照坐标测量方法,若将棱镜安置在地物和地貌的特征点上,用全站仪就可以分别测出地物、地貌特征点坐标,利用这些点的坐标值能很方便的绘制出测绘区域的地物、地貌图(即地形图)。如图 5-6 所示 A、B 为控制点,1~26 为地物(水塘)特征点的编号,全站仪参照坐标测量步骤,依次测出每个点的坐标与高程,将这些点的坐标数据在坐标方格网内进行展绘、连线就可以得出该水塘按比例缩绘的形状。为了便于检查,防止遗漏,一般均采用顺时针观测法,边测边绘,绘制出局部地形图。

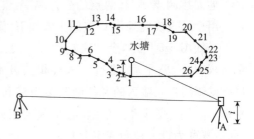

图 5-6　地形图测绘

5. 放样测量

放样测量用于实地上测设出所

要求的点。在放样过程中,通过对照准点角度、距离或者坐标的测量,仪器将显示出预先输入的放样数据与实测值之差以指导放样。显示的差值由下式计算:

$$水平角差值＝水平角实测值－水平角放样值$$
$$斜距差值＝斜距实测值－斜距放样值$$
$$平距差值＝平距实测值－平距放样值$$
$$高差差值＝高差实测值－高差放样值$$

全站仪均有线放样及坐标放样的功能。

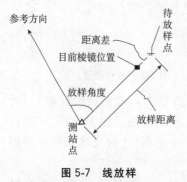

图 5-7　线放样

(1)线放样(又称极坐标放样)

线放样即按角度和距离放样,是根据相对于某参考方向转过的角度和至测站点的距离测设出所需要的点位,如图 5-7 所示。

其放样步骤如下:

①全站仪安置于测站点,精确照准选定的参考方向;并将水平度盘读数设置为 $0°00'00''$。

②选择放样模式,依次输入距离和水平角的放样数值。

③进行水平角放样。在水平角放样模式下,转动照准部,当转过的角度值与放样角度值的差值显示为零时,固定照准部。此时仪器的视线方向即角度放样值的方向。

④进行距离放样。在望远镜的视线方向上安置棱镜,并移动棱镜被望远镜照准,选取距离放样测量模式,按照屏幕显示的距离放样引导,朝向或背离仪器方向移动棱镜,直至距离实测值与放样值的差值为零时,定出待放样的点位。

一般全站仪距离放样测量模式有:斜距放样测量、平距放样测量、高差放样测量供选择。

(2)坐标放样

地面控制点 A、B 两点的坐标和 A 点的高程 H_A 已知,C 点的设计坐标已知。用全站仪确定地面 C 点的步骤如下(简称坐标放样):

①如图 5-5 所示,全站仪安置在 A 点上,该点称为测站点,B 点称为后视点。全站仪对中、整平后,进行气象等相关设置。输入测站点的坐标 X_A、Y_A,高程 H_A(或调用预先输入的文件中测站坐标和高程、全站仪的仪高 i 值),后视点的坐标 X_B、Y_B,按计算方位键,转动仪器精确瞄准后视点 B 按设方位键,按保存(此步骤称为设方位角或定向)。

②进入坐标放样,输入反射棱镜高 v 和 C 点位置的坐标 X_C、Y_C 及 H_C,并确

认,仪器自动计算测设数据。

③转动全站仪,使水平角度对准 $0°00'00''$ 附近,水平制动,调水平微动使水平度盘对准 $0°00'00''$。

④指挥反射棱镜移动至 $0°00'00''$ 方向线上,按测距键,指挥棱镜前后移动使测出的水平距离为 0.000m,这点的位置就是放样点 C。

⑤如需进行高程放样,则将棱镜置于放样点上,在坐标放样模式下,测量 C 点的坐标 H,根据其与已知 H_C 的差值,上、下移动棱镜,直至差值显示为零时,放样点 C 的位置即确定,再在地面上做出标志。

⑥对于不同的设计坐标值的坐标放样,只要重复②、③、④步骤即可。

全站仪的种类很多,各种仪器的使用方式由自身的程序设计而定。不同型号的全站仪使用方法大体相同,但也有一些区别。学习使用全站仪,需认真阅读使用说明书,熟悉键盘及操作指令,就能正确掌握仪器的使用。

四、全站仪使用注意事项与维护

全站仪是集电子经纬仪、光电测距仪和微处理器为一体的现代精密测量仪器,其结构复杂且价格昂贵,因此必须严格按操作规程进行操作和维护。

(1)光电测距仪是集光学、机械、电子于一体的精密仪器,防潮、防尘和防震是保护好其内部光路、电路及原件的重要措施。一般不宜在 40℃ 以上高温和零下 15℃ 以下低温的环境中作业和存放。

(2)现场作业一定要十分小心防止摔、砸事故的发生,仪器万一被淋湿,应用干净的软布擦净,并于通风处晾干。

(3)室内外温差较大时,应在现场开箱和装箱,以防仪器内部受潮。

(4)较长期存放时,应定期(最长不超过一个月)通电(半小时以上)驱潮,电池应充足电存放,并定期充电检查。仪器应在铁皮保险柜中存放。

(5)如仪器发生故障,要认真分析原因,送专业部门修理,严禁任意拆掉仪器部件,以防损伤仪器。

第二节　GPS 测量技术

一、GPS 定位系统概述

全球定位系统于 1973 年由美国组织研制,1993 年全部建成。最初的主要目的是为美国海陆空三军提供实时、全天候和全球性的导航服务。

GPS 定位系统,可以在全球范围内实现全天候、连续、实时的三维导航定位和测速,还能够进行高精度的时间传递和高精度的精密定位。随着 GPS 定位技术的发展,在大地测量、工程测量、工程与地壳变形监测、地籍测量、航空摄影测量和海洋测量等各个领域的应用已甚为普及。

目前全世界一共有四大全球卫星导航系统,除了美国已经在成熟商业化运行的系统外,中国的北斗系统、欧洲的伽利略系统、俄罗斯的格洛纳斯系统还都在建设当中。我国的北斗导航系统建设进展顺利,已经开始向中国及周边地区提供连续的导航定位和授时服务的试运行服务。

1. GPS 定位系统的特点

(1)观测站之间无需通视。既要保持良好的通视条件,又要保障测量控制网的良好结构,这一直是经典测量技术在实践方面的困难问题之一。GPS 测量不要求观测站之间相互通视,因而不再需要建造觇标。这一优点既可大大减少测量工作的经费和时间,同时也使点位的选择变得甚为灵活。

但由于进行测量时,要求观测站上空开阔,以使接收卫星的信号不受干扰,因此测量在有些环境下并不适用,如地下工程测量、两边有高大楼房的街道或巷内的测量及紧靠建筑物的一些测量工作等。

(2)定位精度高。现已完成的大量实验表明,目前在小于 50km 的基线上,其相对定位精度可达到 $(1\sim2)\times10^{-6}$,而在 $100\sim500$km 的基线上可达到 $10^{-7}\sim10^{-6}$。随着光测技术与数据处理方法的改善,可望在 1000km 的距离上,相对定位精度达到或优于 10^{-8}。

(3)观测时间短。目前,利用经典的静态定位方法完成一条基线的相对定位所需要的观测时间,根据要求的精度不同,一般为 $1\sim3$h。为了进一步缩短观测时间,提高作业速度,近年来发展的短基线(例如不超过 20km)快速相对定位法,其观测时间仅需数分钟。

(4)提供三维坐标。GPS 测量在精确测定观测站平面位置的同时,可以精确测定观测站的大地高程。测量的这一特点,不仅为研究大地水准面的形状和确定地面点的高程开辟了新途径,同时也为其在航空物探、航空摄影测量及精密导航中的应用,提供了重要的高程数据。

(5)操作简便。GPS 测量的自动化程度很高,在观测中,测量员的主要任务只是安装并开关仪器、量取仪器高、监控仪器的工作状态和采集环境的气象数据,而其他观测工作,如卫星的捕获、跟踪观测和记录等均由仪器自动完成。另外 GPS 用户接收机一般重量较轻、体积较小,携带和搬运都很方便。

(6)全天候作业。GPS 观测工作,可以在任何地点、任何时间连续进行,一般不受天气状况的影响。GPS 定位技术的发展,对于经典的测量技术是一次重大的突破。

2. GPS 坐标系统的构成

全球定位系统由三大部分组成,即空间部分、地面控制部分和用户部分,如图 5-8 所示。GPS 的空间部分构成如图 5-9 所示。

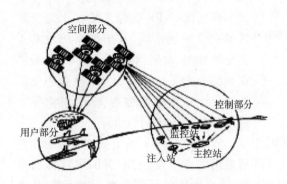

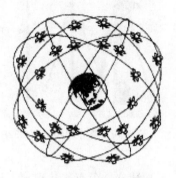

图 5-8　全球定位系统(GPS)构成示意图　　　　图 5-9　GPS 的空间部分

(1)空间部分

空间部分是由 24 颗工作卫星所组成,这些工作卫星共同组成了 GPS 卫星星座,其中 21 颗为用于导航的卫星,3 颗为活动的备用卫星。这 24 颗卫星分布在 6 个倾角为 55°的轨道上绕地球运行。卫星的运行周期约为 12 恒星时。每颗工作卫星都发出用于导航定位的信号。用户正是利用这些信号来进行工作。

(2)控制部分

GPS 的控制部分由分布在全球的由若干个跟踪站所组成的监控系统所构成,根据其作用不同,这些跟踪站又被分为主控站、监控站和注入站。主控站有一个,它的作用是根据各监控站对 GPS 的观测数据,计算出卫星的星历和卫星钟的改正参数等,并将这些数据通过注入站注入卫星;同时,它还对卫星进行控制,向卫星发布指令,当工作卫星出现故障时,调度备用卫星替代失效的工作卫星工作;另外,主控站也具有监控站的功能。监控站共有 5 个,监控站的作用是接收卫星信号,监测卫星的工作状态;注入站有 3 个,注入站的作用是将主控站计算出的卫星星历和卫星钟的改正数等注入卫星。

(3)用户部分

GPS 的用户部分由接收机、数据处理软件及相应的用户设备如计算机气象仪器等组成。它的作用是接收卫星发出的信号,利用这些信号进行导航定位等工作。

目前,国际、国内适用于测量的接收机产品众多,更新更快,许多测量单位也拥有

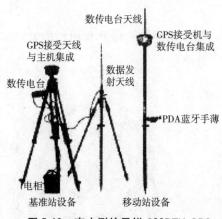

数传电台天线

GPS接受天线
与主机集成

GPS接受机与
数传电台集成

数传电台

数据发
射天线

PDA蓝牙手薄

电柜

基准站设备　　　移动站设备

图 5-10　南方测绘灵锐 S82RTK GPS
接收机

了一些不同型号的接收机。如图 5-10 所示为南方测绘灵锐 S82RTK GPS 接收机。

3. GPS 坐标系统

任何一项测量工作都需要一个特定的坐标系统,GPS 坐标系统由于是全球性的定位导航系统,其坐标系统也必须是全球性的,根据国际协议确定,称为协议地球坐标系。目前,GPS 测量中使用的协议地球坐标系称为 1984 年世界大地坐标系(WGS-84)。

WGS-84 是 GPS 卫星广播星历和精密星历的参考系,它由美国国防部制图局所建立并公布。从理论上讲它是以地球质心为坐标原点的地心坐标系,其坐标系的定向与 BIH 1984.0 所定义的方向一致。它是目前最高水平的全球大地测量参考系统之一。

现在,我国已建立了 1980 年国家大地坐标系(简称(C80)。它与 WGS-84 世界大地坐标系之间可以相互转换。在实际工作中,虽然 GPS 卫星的信号依据于 WGS-84 坐标系,但求解结果则是测站之间的基线向量和三维坐标差。在数据处理时,根据上述结果,并以现有已知点(三点以上)的坐标值作为约束条件,进行整体平差计算,得到各测站在当地现有坐标系中的实用坐标。

二、GPS 的定位原理

GPS 的定位原理就是卫星不间断地发送自身的星历参数和时间信息,用户接收到这些信息后,经过计算求出接收机的三维位置、三维方向以及运动速度和时间信息。它广泛地应用于导航和测量定位工作中。

1. 绝对定位原理

绝对定位也称单点定位,通常是指在协议地球坐标系(如 WGS-84 坐标系)中,直接确定观测站,相对于坐标系原点绝对坐标的一种定位方法。"绝对"一词,主要是为了区别以后将要介绍的相对定位方法。绝对定位和相对定位,在观测方式、数据处理、定位精度以及应用范围等方面均有原则上的区别。

利用 GPS 进行绝对定位的基本原理,是以卫星和用户接收机天线之间的距离(或距离差)观测量为基础,并根据已知的卫星瞬时坐标,来确定用户接收机的点位,即观测站的位置。如图 5-11 为绝对定位原理图。

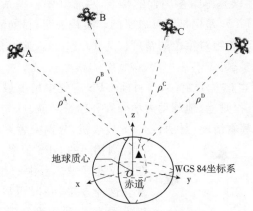

图 5-11　绝对定位原理图

以卫星与用户接收机天线之间的几何距离观测量 ρ 为基础,并根据卫星的瞬时坐标(X_S,Y_S,Z_S),以确定用户接收机天线所对应的点位,即观测站的位置。

设接收机天线的相位中心坐标为(X,Y,Z),则有

$$\rho=\sqrt{(X_S-X)^2+(Y_S-Y)^2+(Z_S-Z)^2}$$

卫星的瞬时坐标 X_S,Y_S,Z_S 可根据导航电文获得,所以式中只有 X、Y、Z 三个未知量,只要同时接收 3 颗 GPS 卫星,就能解出测站点坐标(X,Y,Z)。可以看出,单点定位的实质就是测量学中的空间距离后方交会。

应用 GPS 进行绝对定位,根据用户接收机天线所处的状态不同,又可分为动态绝对定位和静态绝对定位。

当用户接收设备安置在运动的载体上,并处于动态的情况下,确定载体瞬时绝对位置的定位方法,称为动态绝对定位。动态绝对定位,一般只能得到没有(或很少)多余观测量的实时解。这种定位方法被广泛地应用于飞机、船舶以及陆地车辆等运动载体的导航。另外,在航空物探和卫星遥感也有着广泛的应用。

当接收机天线处于静止状态地情况下,用以确定观测站绝对坐标的方法,称为静态绝对定位。这时,由于可以连续观测卫星到接收机位置的伪距,可以获得充分的多余观测量,以便在测后,通过数据处理提高定位的精度。静态绝对定位法主要用于大地测量,以精确测定观测站在协议地球坐标系中的绝对位置。

目前,无论是动态绝对定位或静态绝对定位,所依据的观测量都是所测卫星至观测站的伪距,所以相对的定位方法,通常也称伪距定位法。

因为根据观测量的性质不同,伪距有测码伪距和测相伪距之分,所以,绝对定位又可分为测码绝对定位和测相绝对定位。

2. 相对定位原理

利用 GPS 进行绝对定位(或单点定位)时,其定位精度,将受到卫星轨道误

差、钟差及信号传播误差等诸多因素的影响,尽管其中一些系统性误差,可以通过模型加以消弱,但其残差仍是不可忽略的。实践表明,目前静态绝对定位的精度,约可达米级,而动态绝对定位的精度仅为 10～40m。这一精度远不能满足大地测量精密定位的要求。

GPS 相对定位也称差分定位,是目前 GPS 定位中精度最高的二种,广泛用于大地测量、精密工程测量、地球动力学研究和精密导航。

相对定位的最基本情况,是两台 GPS 接收机,分别安置在基线的两端,并同步观测相同的 GPS 卫星,以确定基线端点,在协议地球坐标系中的相对位置或基线向量。这种方法,一般可以推广到多台接收机安置在若干基线的端点,通过同步观测 GPS 卫星,以确定多条基线向量的情况(如图 5-12 所示)。

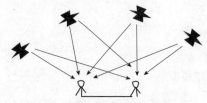

图 5-12　相对定位原理示意图

因为在两个观测站或多个观测站,同步观测相同卫星的情况下,卫星的轨道误差、卫星钟差、接收机钟差以及电离层和对流层的折射误差等,对观测量的影响具有一定的相关性,所以利用这些观测量的不同组合,进行相对定位,便可有效地消除或者减弱上述误差的影响,从而提高相对定位的精度。

根据用户接收机,在定位过程中所处的状态不同,相对定位有静态和动态之分。

(1)静态相对定位

安置在基线端点的接收机固定不动,通过连续观测,取得充分的多余观测数据,改善定位精度。

静态相对定位,一般采用载波相位观测值(或测相伪距)为基本观测量。这一定位方法是当前 GPS 定位中精度最高的一种方法,在精度要求较高的测量工作中,均采用此种方法。在载波相位观测的数据处理中,为了可靠地确定载波相位的整周未知数,静态相对定位一般需要较长的观测时间(1～3h 不等),此种方法一般也被称为经典静态相对定位法。

在高精度静态相对定位中,当仅有两台接收机时,一般应考虑将单独测定的基线向量联结成向量网(三角网或导线网),以增强几何强度,改善定位精度。当有多台接收机时,应采用网定位方式,可检核和控制多种误差对观测量的影响,明显提高定位精度。

此类测量方法的代表:南方测绘的静态接收机 9600 北极星,平面测量精度为±5mm＋1ppm,高程精度为±10mm＋2ppm,一般同步测量时间为 45min。

(2)准动态相对定位法

1985 年美国的里蒙迪发展了一种快速相对定位模式,基本思想是:利用起始基线向量确定初始整周未知数或称初始化,之后,一台接收机在参考点(基准站)上固定不动,并对所有可见卫星进行连续观测;而另一台接收机在其周围的观测站上流动,并在每一流动站上静止进行观测,确定流动站与基准站之间的相对位置。这种方法通常称为准动态相对定位法。

准动态相对定位法的主要缺点:接收机在移动过程中必须保持对观测卫星的连续跟踪。此类测量方法的代表:南方测绘的 9200 后差分系统。作用距离为 100km,定位精度为中误差小于 1m。

(3)动态相对定位

用一台接收机安置在基准站上固定不动,另一台接收机安置在运动载体上,两台接收机同步观测相同卫星,以确定运动点相对基准站的实时位置。

动态相对定位根据采用的观测量不同,分为以测码伪距为观测量的动态相对定位和以测相伪距为观测量的动态相对定位。

(1)测码伪距动态相对定位法

目前,进行实时定位的精度可达米级,是以相对定位原理为基础的实时差分由于可以有效地减弱卫星轨道误差、钟差、大气折射误差等的影响,其定位精度,远较测码伪距动态绝对定位的精度要高,所以这一方法获得了迅速的发展。

此类测量方法的代表:南方测绘的 9700 海王星测量系统。9700 信标机平面精度为 1～3m;作用距离为 50km。

(2)测相伪距动态相对定位法

测相伪距动态相对定位法,是以预先初始化或动态解算载波相位整周未知数为基础的一种高精度动态相对定位法。目前在较小的范围内(例如小于 20km),获得了成功的应用,其定位精度可达 1～2cm。流动站和基准站之间,必须实时地传输观测数据或观测量的修正数据。这种处理方式,对于运动目标的导航、监测和管理具有重要意义。

此类 GPS 测量方法的代表:南方测绘的灵锐 S80RTK 测量系统。平面测量测量精度为 ±2cm+1ppm,高程精度为 ±5cm+1ppm。

三、GPS 测量技术实施

1. 基本测量程序

GPS 测量工作与经典大地测量工作相类似,按其性质可分为外业和内业两大部分。其中:外业工作主要包括选点(即观测站址的选择)、建立观测标志、野外观测作业以及成果质量检核等;内业工作主要包括 GPS 测量的技术设计、测后数据处理以及技术总结等。如果按照 GPS 测量实施的工作程序,则大体可分为这样几个阶段:技术设计、选点与建立标志、外业观测、成果检核与处理。

GPS测量是一项技术复杂、要求严格、耗费较大的工作,对这项工作总的原则是,在满足用户要求的情况下,尽可能地减少经费、时间和人力的消耗。因此,对其各阶段的工作都要精心设计和实施。

测量作业应遵守统一的规范和细则,在这里主要介绍一下有关测量作业的基本方法和原则。

以载波相位观测量为根据的相对定位方法,是目前测量中普遍采用的精密定位方法,所以将要介绍实施这种高精度测量工作的基本程序与作业模式。

(1)GPS网的技术设计

GPS网的技术设计是测量工作实施的第一步,是一项基础性工作。这项工作应根据网的用途和用户的要求来进行,其主要内容包括精度指标的确定,网的图形设计和基准设计。

对GPS网的精度要求,主要取决于网的用途。在GPS网总体设计中,精度指标是比较重要的参数,它的数值将直接影响网的布设方案、观测数据的处理以及作业的时间和经费。在实际设计工作中,用户可根据所作控制的实际需要和可能,合理地制定。既不能制定过低而影响网的精度,也不必要盲目追求过高的精度造成不必要的支出。

(2)选点与埋石

由于GPS测量观测站之间无需相互通视,而且网的图形结构也比较灵活,所以选点工作远较经典控制测量的选点工作简便。但由于点位的选择对于保证观测工作的顺利进行和可靠地保证测量成果精度具有重要意义,所以,在选点工作开始之前,应充分收集和了解有关测区的地理情况以及原有测量标志点的分布及保持情况,以便确定适宜的观测站位置。选点工作通常应遵守的原则如下:

1)观测站(即接收天线安置点)应远离大功率的无线电发射台和高压输电线,以避免其周围磁场对卫星信号的干扰。接收机天线与其距离一般不得小于200m。

2)观测站附近不应有大面积的水域或对电磁波反射(或吸收)强烈的物体,以减弱多路径效应的影响。

3)观测站应设在易于安置接收设备的地方,且视野开阔。在视场内周围障碍物的高度角一般应为$10°\sim15°$。

4)观测站应选在交通方便的地方,并且便于用其他测量手段联测和扩展。

5)对于基线较长的网,还应考虑观测站附近具有良好的通信设施和电力供应,以供观测站之间的联络和设备用电。

6)点位选定后(包括方位点),均应按规定绘制点位注记,其主要内容应包括点位、点位略图、点位的交通情况以及选点情况等。

（3）外业观测

外业观测主要是利用接收机获取信号，它是外业阶段的核心工作，对接收设备的检查、天线设置、选择最佳观测时段、接收机操作、气象数据观测、测站记录等项内容。

1）天线设置。观测时，天线需安置在点位上，操作程序为：对中、整平、定向和量天线高度。

2）接收机操作。在离开天线不远的地面上安放接收机，接通接收机至电源、天线和控制器的电缆，并经预热和静置，即可启动接收机进行数据采集。观测数据由接收机自动形成，并保存在接收机存储器中，供随时调用和处理。

（4）成果检核和数据处理

1）成果检核。观测成果的外业检查是外业观测工作的最后一个环节，每当观测结束，必须按照《全球定位系统测量规范》要求，对观测数据的质量进行分析并作出评价，以保证观测成果和定位结果的预期精度。然后，进行数据处理。

2）数据处理。由于测量信息量大、数据多，采用的数学模型和解算方法有很多种。在实际工作中，数据处理工作一般由计算机通过一定的计算软件处理完成。

2. GPS 定位系统在建筑工程测量中的应用

（1）在建筑工程控制测量中的应用

由于 GPS 测量能精密定位 WGS-84 三维坐标，所以能用来建立平面和高程控制网，在基本控制测量中的应用是：建立新的地面控制网点；检核和改善已有地面网；对已有的地面网进行加密等。在大型工程建立独立控制网中，如在大型公用建筑工程、铁路、公路、地铁、隧道、水利枢纽和精密安装等工程中有着重要的作用。

（2）在工程变形监测中的应用

工程变形包括建筑物的位移和由于气象等外界因素造成的建筑物变形或地壳变形。由于具有三维定位能力，可以成为工程变形监测的重要手段，它可以监测大型建筑物变形、大坝变形、城市地面及资源开发区地面的沉降、滑坡、山崩；还能监测地壳变形，为地震预报提供数据。

（3）在建筑施工中的应用

在建筑施工中，GPS 系统用来进行建筑施工的定位检测。如上海已建成的8 万人体育场的定位测量、北京鸟巢国家体育场的定位测量和首都机场扩建中的定位测量都使用了 GPS 系统进行定位检测。

第三节 三维激光扫描测量技术

三维激光扫描技术是一种先进的全自动高精度立体扫描技术,又称为"实景复制技术",是继空间定位技术后的又一项测绘技术革新。三维激光扫描仪的主要构造是由一台配置伺服马达系统、高速度、高精度的激光测距仪,配上一组可以引导激光并以均匀角速度扫描的反射棱镜组成。激光测距仪测得扫描仪至扫描点的斜距,再配合扫描的水平和垂直方向角,可得到每一扫描点的空间相对 X、Y、Z 坐标,大量扫描离散点数据结合则构成了三维激光扫描的"点云"数据。图 5-13 为三维激光扫描仪结构,图 5-14 为点云数据图。

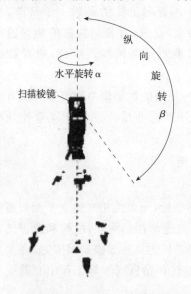

图 5-13 三维激光扫描仪

图 5-14 点云数据

三维激光扫描仪按照扫描平台的不同可以分为:机载(或星载)激光扫描系统、地面型激光扫描系统、便携式激光扫描系统。

现在的三维激光扫描仪每次测量的数据不仅仅包含 X、Y、Z 点的信息,还包括 R、G、B 颜色信息,同时还有物体反射率的信息,这样全面的信息能给人一种物体在电脑里真实再现的感觉,是一般测量手段无法做到的。

一、地面三维激光扫描仪测量原理

如图 5-15 所示,三维激光扫描仪发射器发出一个激光脉冲信号,经物体表面漫反射后,沿几乎相同的路径反向传回到接收器,可以计算目标点 P 与扫描仪

的距离 S，控制编码器同步测量每个激光脉冲横向扫描角度观测值 α 和纵向扫描角度观测值 β，就可以利用公式计算 P 点的三维坐标。三维激光扫描测量一般为仪器自定义坐标系。X 轴在横向扫描面内，Y 轴在横向扫描面内与 X 轴垂直，Z 轴与横向扫描面垂直。

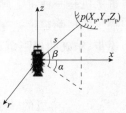

图 5-15　三维激光扫描仪坐标系

$$X_P = S\cos\beta\,\cos\alpha$$
$$Y_P = S\cos\beta\,\sin\alpha$$
$$Z_P = S\sin\beta$$

二、测距方法

三维激光扫描仪的测距方法主要有脉冲法、相位法及三角法。脉冲法和相位法测距原理见第三章第三节的内容。

三角法测距是借助三角形几何关系，求得扫描中心到扫描对象的距离。激光发射点和 CCD 接收点位于长度为 L 的高精度基线两端，并与目标反射点构成一个空间平面三角形。如图 5-16 所示，通过激光扫描仪角度传感器可得到发射光线及入射光线与基线的夹角分别为 γ、λ，激光扫描仪的轴向自旋转角度 α，然后以激光发射点为坐标原点，基线方向为 X 轴正向，以平面内指向目标且垂直于 X 轴的方向线为 Y 轴建立测站坐标系。通过计算可得目标点的三维坐标为

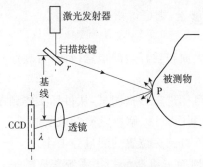

图 5-16　三角测距原理

$$X = \frac{\cos\gamma\sin\lambda}{\sin(\gamma+\lambda)} \cdot L$$

$$Y = \frac{\sin\gamma\sin\lambda\,\mathrm{cis}\alpha}{\sin(\gamma+\lambda)} \cdot L$$

$$Z = \frac{\sin\gamma\sin\lambda\sin\alpha}{\sin(\gamma+\lambda)} \cdot L$$

利用目标点 P 的三维坐标可得到被测目标的距离 S，在上式中，由于基线长 L 较小，故决定了三角法测量距离较短，适合于近距测量。

三、测角方法

1. 角位移测量方法

区别于常规仪器的度盘测角方式，激光扫描仪通过改变激光光路获得扫描角度。把两个步进电机和扫描棱镜安装在一起，分别实现水平和垂直方向扫描。

步进电机是一种将电脉冲信号转换成角位移的控制微电机,它可以实现对激光扫描仪的精确定位。在扫描仪工作的过程中,通过步进电机的细分控制技术,获得稳步、精确的步距角 θ_b:

$$\theta_b = \frac{2\pi}{N \cdot m \cdot b} \tag{5-1}$$

式中:N——电机的转子齿数;

m——电机的相数;

b——各种连接绕组的线路状态数及运行拍数。

在得到 θ_b 的基础上,可得扫描棱镜转过的角度值,再通过精密时钟控制编码器同步测量,便可得每个激光脉冲横向、纵向扫描角度观测值为 α、θ。

2. 线位移测量方法

激光扫描测角系统由激光发射器、直角棱镜和 CCD 元件组成,激光束入射到直角棱镜上,经棱镜折射后射向被测目标,当三维激光扫描仪转动时,出射的激光束将形成线性的扫描区域,CCD 记录线位移量,则可得扫描角度值。

地面三维激光扫描系统具有如下特点:

(1)快速性。激光扫描测量能够快速获取大面积目标空间信息,每秒可获取数以万计的数据点。

(2)非接触性。采用完全非接触的方式对目标进行扫描测量,从目标实体到三维点云数据一次完成,做到真正的快速原形重构,可以解决危险领域的测量、柔性目标测量、需要保护对象的测量以及人员不可到达位置的测量等工作。

(3)激光的穿透性。激光的穿透特性使得地面三维激光扫描系统获取的采样点能描述目标表面的不同层面的几何信息。

(4)实时、动态、主动性。属于主动式扫描系统,通过探测自身发射的激光脉冲回射信号来描述目标信息,使得系统扫描测量不受时间和空间的约束。系统发射的激光束是准平行光,避免了常规光学照相测量中固有的光学变形误差,拓宽了纵深信息的立体采集。

(5)高密度、高精度特性。激光扫描能够以高密度、高精度的方式获取目标表面特征。在精密的传感工艺支持下,对目标实体的立体结构及表面结构的三维集群数据作自动立体采集。采集的点云由点的位置坐标数据构成,减少了传统手段中人工计算或推导所带来的不确定性。利用庞大的点阵和一定浓密度的格网来描述实体信息,采样点的点距间隔可以选择设置,获取的点云具有较均匀的分布。

(6)数字化、自动化。系统扫描直接获取数字距离信号,具有全数字特征,易于自动化显示输出,可靠性好。扫描系统数据采集和管理软件通过相应的驱动程序及或平行连线接口控制扫描仪进行数据的采集,处理软件对目标初始点或终点进行选择,具有很好的点云处理、建模处理能力,扫描的三维信息可以通过软件开放的接口格式被其他专业软件所调用,达到与其他软件的兼容性和互操作性。

目前,三维激光扫描技术已广泛应用于文物保护、建筑、管道、农林、大型工业制造、公安、交通、工业设计等相关测量领域。但是,从目前国内研究和应用的情况看,三维激光扫描系统还存在一些不足,如售价偏高;仪器自身和精度的检校存在困难,基准值求取复杂;点云数据处理软件没有统一化,各个厂家都有自带软件,互不兼容;精度、测距与扫描速率存在矛盾关系等。

第四节　地理信息系统及遥感技术

一、地理信息系统

1. 定义

地理信息系统(GIS)是近年来发展起来的一门综合应用系统,它能把各种信息的地理位置和有关的视图结合起来,并把地理学、几何学、计算机科学及各种应用对象、CAD 技术、遥感、技术、网络、多媒体技术及虚拟现实技术等融为一体,利用计算机图形与数据库技术来采集、存储、编辑、显示、转换、分析和输出地理图形及其属性数据。这样,可根据用户需要将这些信息图文并茂地输送给用户,便于分析及决策使用。

2. 系统组成及解决问题

一个 GIS 系统,主要包括空间数据输入子系统、空间数据存储与管理子系统、数据处理与分析子系统、输出子系统。

一个 GIS 系统的功能构成:数据输入、存储、编辑;操作运算;数据查询、检索;应用分析;数据显示、结果输出;数据更新。

GIS 能回答和解决以下五类问题:

(1)位置,即在某地方有什么。位置可以是地名、邮政编码或地理坐标等。

(2)条件,即符合某些条件的实体在哪里。如在某个地区寻找面积不小于 $1000m^2$ 的不被植被覆盖的,且地质条件适合建大型建筑的区域。

(3)趋势,即在某个地方发生的某个事件及其随时间的变化过程。

(4)模式,即在某个地方的空间实体的分布模式。模式分析揭示了地理实体之间的空间关系。

(5)模拟,即某个地方如果具备某种条件会发生什么。通过基于模型的分析实现用于自然资源的管理与规划。

3. GIS 在我国的发展

地理信息系统的研制与应用在我国起步较晚,从 20 世纪 70 年代末开始,虽然历史较短,但是发展很快。地理信息系统也有人叫做资源与环境信息系统,它们的研究对象和研究内容是一致的。地理信息系统发展的技术基础是计算机地图制图、计算机技术、计量地理和遥感技术。

1996 年以来,我国 GIS 技术在技术研究、成果应用、人才培养、软件开发等方面进展迅速,并力图将 GIS 从初步发展时期的研究实验、局部应用推向实用化、集成化、工程化,为国民经济发展提供辅助分析和决策依据。GIS 在研究和应用过程中走向产业化道路,成为国民经济建设普遍使用的工具,并在各行各业发挥着重大作用。

二、遥感技术(RS)

遥感主要指从远距离高空以及外层空间的各种平台上利用可见光、红外、微波等电磁波探测仪器,通过摄影或扫描、信息感应、传输和处理,从而研究地面物体的形状、大小、位置及其环境的相互关系与变化的现代技术科学。利用遥感无人飞机、直升机、飞艇、气球,低、中、高空飞机等航空遥感平台,可在 $50\sim20000m$ 高度上;利用人造地球卫星、太空站、航天飞机、载人飞船和各种太空探测器等航天遥感平台,可在 200km 以上到 1000km 的高度上获取各种大、中、小比例尺的遥感影像。对影像信息予以分析、解释和处理就能对研究对象的性质和状态加以判别,迅速地发现可能发生的变化,并研究这些变化。

1. 空间遥感技术的主要优点

(1)摄影范围大。由于卫星的高度一般都在数百公里以上,这就使人们的视野扩大,提高了对各种现象间的相互关系的认识,避免了地面工作的局限性,为人们客观地研究各种自然现象和规律提供了十分有利的条件。例如对农业、林业病虫害的蔓延观察,地质构造的大面积观察和分析。

(2)资料新颖。卫星不停地绕地球运转,重复地获得最新颖、最现时的情报,能迅速反映状态变化,及时监测和发现各种自然现象的变化规律。如为掌握植物和作物的生长变化、水文、病虫灾害、粮食估产、洪水预报等提供科学的依据。

(3)信息丰富。利用多波段遥感还可以同时取得同一地区几个不同波段的光谱信息相片,因不同波段反映了不同的目标特征,这就大大提高了对目标的识别能力。

(4)成图迅速。由于卫星离地面较远,卫星摄影接近正射投影,所以地表每一点似乎都在与卫星垂直的平面上,这就提高了成图工效。

（5）收集资料方便。遥感不受地形限制，对于高山冰雪区、戈壁沙漠地区、海洋等一般方法不易获得有关资料的地区，用卫星相片可以获取大量有用的资料。同时卫星可以不受任何政治地理的限制，遥感地球的任何一个部位。

上述遥感的许多优点，使人类对宇宙和自然的认识有了新的发展，增强了人类改造自然、控制环境、保护资源的能力。

2. 我国遥感技术的发展

我国的遥感技术也在突飞猛进地发展，现在不仅能够自行设计制造航空摄影机、红外扫描仪、光谱照相机、微波辐射计、彩色合成仪、数字图像处理机等多种遥感测试和处理设备，而且能独立地进行航空遥感试验。农业、地质、林业等部门也建立了相应的遥感机构和遥感应用研究室，许多高等院校也都相应在遥感方面进行研究，筹建了相关专业。许多遥感组织和研究机构在遥感资料的处理和应用方面也已取得了显著的成就。

20世纪80年代以来，遥感技术在我国测量中的应用发展很快，服务面也很广，已经显示出广泛的发展前景。例如，天津市利用航空遥感资料编制出包括社会、自然环境等20多项内容的专题图；中国遥感卫星地面站利用卫星遥感信息广泛服务于农业，对农业估产、资源调查、防灾减灾等提供科学信息资源；林业部门利用航天遥感进行森林调查、规划、防灾抗灾和编制各种森林分布图。此外，航天遥感技术广泛应用于气象预报。

3. 遥感技术的应用

遥感技术的巨大成就，首先在于对电磁波谱全波段的不断发掘、充分利用。遥感仪器不断从可见光波段向两端延伸，特别是向远红外和微波波段的拓展，远远超越了人类视觉的极限，看到许多原来看不见的"东西"，发现许多新的时间或空间变化的现象和规律。第二次世界大战期间，在航空摄影时采用了红外波段制成的假彩色片，保障了诺曼底登陆的胜利。后来开发出来多光谱摄影和扫描仪、侧视成像雷达，并广泛地应用于植被、森林、土地覆盖、地质矿产的调查与制图等领域，受到了生产与建设部门的欢迎。进入21世纪，被动式和主动式遥感器的开发，几乎覆盖了整个电磁波段，此外还增加了激光、超声波和人工地震波等新型对地观测系统，而且高光谱细分达到了纳米级，我国自主开发的高光谱实验型扫描仪已达到224级，居世界第二位，商品化达到36级，相关三维成像雷达高程精度也达到了厘米级。总之，遥感从应用角度来说，由于国家连续几个五年计划的重点支持，经历了引进、消化、吸收的阶段，我国遥感仪器的研制，基本上进入了国际先进行列，在数十次应用示范实验中取得了丰硕的成果。在风云和资源卫星上作为有效载荷，也经受了考验，获得成功。

20世纪的遥感应用主要依托空间技术和地球科学，取得了辉煌的业绩。而

21 世纪的卫星遥感应用,在继续深入到空间科学和地球科学的同时,还要紧密依托信息科学,积极开拓与生命科学和生物技术的联系,相互交叉渗透。无论农林、生态、环境与海洋领域的遥感应用,都需要生命科学与生物技术的介入。例如农业遥感要为林、牧、渔业服务,从生产力的监测评估着手,深入到碳水化合物光合作用与生命元素的代谢过程和生长期季节的变化、作物估产、森林储蓄测算、渔情预报、草场载畜量、精确农业,提出逼近实际的数据和切实可行的解决方案。其中任何一个方面的工作,都涉及大气温湿条件,林草或作物品种及光生长周期、土壤及施肥、灌溉定额等农学及生命科学问题,还要考虑地区差异,解决因时制宜、因地制宜的问题。干旱、洪涝、病虫害的遥感监测,也是农业遥感的重要组成部分。对全世界的蝗虫主要源地,利用陆地卫星监测滋生状况,利用航空雷达追踪飞蝗路径,利用气象卫星确定风向界面,加以围堵歼灭。防治病虫害和医疗卫生环境的遥感,对我国西部经济开发,东部湿地保护,都是大有作为的应用新领域。

第六章 建筑施工测量

第一节 概　　述

一、施工测量的目的和内容

施工测量的目的是把设计的建筑物、构造物的平面位置和高程,按设计要求以一定的精度测设在地面上,作为施工的依据。并在施工过程中进行一系列的测量工作,以衔接和指导各工序间的施工。

施工测量贯穿于整个施工过程中。从场地平整、建筑物定位、基础施工,到建筑物构件的安装等,都需要进行施工测量,才能使建筑物、构筑物各部分的尺寸、位置符合设计要求。有些工程竣工后,为了便于维修和扩建,还必须测绘出竣工图。有些高大或特殊的建筑物建成后,还要定期进行变形观测,以便积累资料,掌握变形的规律,为今后建筑物的设计、维护和使用提供资料。

二、施工测量的特点

(1)施工测量是直接为工程施工服务的,它必须与施工组织计划相协调。测量人员应与设计、施工部门密切联系,了解设计内容、性质及对测量的精度要求,随时掌握工程进度及现场的变动,使测设精度与速度满足施工的需要。

(2)施工测量的精度主要取决于建筑物的大小、性质、用途、建材、施工方法等因素,应该选择合理的施工测量精度。例如高层建筑测设精度高于低层建筑;自动化和连续性厂房测设精度高于一般工业厂房;钢结构建筑测设精度高于钢筋混凝土结构建筑;装配式建筑测设精度高于非装配式建筑。

(3)测量标志从形式、选点到埋设均应考虑便于使用、保管和检查,如标志在施工中被破坏,应及时恢复。

三、施工测量的原则

施工现场有各种建筑物、构筑物,且分布较广,往往又不是同时开工兴建。为了保证各个建筑物、构筑物的平面和高程位置都符合设计要求,互相连成统一的整体,施工测量和测绘地形图一样,也要遵循"从整体到局部,先控制后碎部"的原则。即先在施工现场建立统一的平面控制网和高程控制网,然后以此为基础,测设出各个建筑物和构筑物的位置。

施工测量的检核工作也很重要,必须采用各种不同的方法加强外业和内业的检核工作。

第二节　施工测量的准备工作

一、施工测量准备工作目的

施工测量准备工作是保证施工测量全过程顺利进行的基础环节。准备工作的主要目的有以下四项。

(1)了解工程总体情况。包括工程规模、设计意图、现场情况及施工安排等。

(2)取得正确的测量起始依据。包括设计图纸的校核,测量依据点位的校测,仪器、钢尺的检定与检校。这项是准备工作的核心,取得正确的测量起始依据是做好施工测量的基础。

(3)制订切实可行又能预控质量的施测方案。根据实际情况与"施工测量规程"要求制定,并向上级报批。

(4)施工场地布置的测设。按施工场地总平面布置图的要求进行场地平整、施工暂设工程的测设等。

二、校核施工图

1. 校核施工图上的定位依据与走位条件

(1)建筑物的定位依据必须明确,一般有以下三种情况

1)城市规划部门给定的城市测量平面控制点多用于大型新建工程(或小区建设工程)。四等三角网与一级小三角最弱边长中误差分别为 1/4.5 万与 1/2 万,四等与一级光电导线全长闭合差分别为 1/4 万与 1/1.4 万。其精度均较高,但使用前要校测,以防用错点位、数据或点位变动。

2)城市规划部门给定的建筑红线多用于一般新建工程,红线桩点位中误差与红线边长中误差均为 5cm,故在使用红线桩定位时,应按要求选择好定位依据的红线桩。

3)原有永久性建(构)筑物或道路中心线多用于现有建筑群体内的扩、改建工程,这些作为定位依据的建(构)筑物必须是四廓(或中心线)规整的永久性建(构)筑物,如砖石或混凝土结构的房屋、桥梁、围墙等,而不应是外廓不规整的临

时性建(构)筑物,如车棚、篱笆、铁丝网等。在诸多现有建(构)筑物中,应选择主要的、大型的建(构)筑物为依据,在定位依据不十分明确的情况下,应请设计单位会同建设单位现场确认,以防后患。

(2)定位条件

建筑物定位条件要合理,应是能唯一确定建筑物位置的几何条件。最常用的定位条件是:确定建筑物上的一个主要点的点位和一个主要轴线(或主要边)的方向。这两个条件少一个则不能定位,多一个则会产生矛盾。由于建(构)筑物总平面图要送规划部门审批,图上的定位条件要满足各方面的要求,如建(构)筑物间距要满足不挡住日光、要满足消防车的通过等,这样就需要请设计单位明确哪些是必须满足的主要定位条件和定位尺寸。

(3)定位依据与定位条件有矛盾或有错误的情况处理

1)一般应以主要定位依据、主要定位条件为准,进行图纸审定,以达到定位合理,做到既满足整体规划的要求,又满足工程使用的要求。

2)在建筑群体中,各建筑之间的相对关系位置往往是直接影响建筑物使用功能的,如南北建筑物不能相互挡住日光,一般建筑物之间应能满足各种地下管线的铺设,地上道路的顺直、通行与防火间距等。这些条件在审图中均应注意。

3)当定位依据与定位条件有矛盾时,应及时向设计单位提出,求得合理解决,施工方无权自行处理。

2. 校核建筑物外廊尺寸交圈

校核建筑物四廊边界尺寸是否交圈,可分以下四种情况。

(1)矩形图形。主要核算纵向、横向两对边尺寸是否相等有关轴线关系是否对应,尤其是纵向或横向两端不贯通的轴线关系,更应注意。

(2)梯形图形。主要核算梯形斜边与高的比值是否与底角(或顶角)相对应关系。

(3)多边形图形。要分别核算内角和条件与边长条件是否满足。

1)内角和条件多边形的内角和

$$\sum \beta(n-2)180°(n \text{ 为多边形的边数})$$

2)边长条件核算方法有两种

①划分三角形法。选择有两个长边的顶点为极,将多边形划分为$(n-2)$个三角形,先从最长边一侧的三角形(已知两边、一夹角)开始,用余弦定理求得第三边后,再用正弦定理求得另外两夹角,然后依据刚求得边长的三角形,依次解算各三角形至另一侧。当最后一个三角形求得的边长及夹角与已知值相等时,则此多边形四廊尺寸交圈;

②投影法。按计算闭合导线的方法,计算多边形各边在两坐标轴上投影的

代数和应等于零($\sum \Delta y = 0.000$，$\sum \Delta x = 0.000$)，以核算其尺寸是否交圈。

(4)圆弧形图形。按测设圆曲线的方法核算圆弧形尺寸是否交圈。

3. 审核建筑物±0.000 设计高程

(1)建筑物室内地面±0.000 的绝对高程与附近现有建筑物或道路的绝对高程是否有效。

(2)在新建区内的建筑物室内地面±0.000 的绝对高程与建筑物所在的原地面高程(可由原地面等高线判断)，尤其是场地平整后的设计地面高程(可由设计地面等高线判断)相比较，判断其是否合理。

(3)建筑物自身对高程有特殊要求，或与地下管线、地上道路相连接有特殊要求的，应特殊考虑。

三、校核建筑红线桩和水准点

1. 校核红线桩

(1)建筑红线

城市规划行政主管部门批准并实地测定的建设用地位置的边界线，也是建筑用地与市政用地的分界线，红线(桩)点也叫界址(桩)点。

(2)施工中的作用

建筑物定位的依据与边界线。

(3)使用中注意事项

1)使用红线(桩)前，应进行校测，检查桩位是否有误或碰动。

2)施工过程中，应保护好桩位。

3)沿红线兴建的建(构)筑物放后，应由市规划部门验线合格后，方可破土。

4)新建建筑物不得压红线、超红线

(4)校测红线桩的目的。红线桩是施工中建筑物定位的依据，若用错了桩位或被碰动，将直接影响建筑物定位的准确性，从而影响城市的规划建设。

(5)红线桩校测方法

1)当相邻红线桩通视、且能量距时，实测各边边长及各点的左角，用实测值与设计值比较以作校核。

2)当相邻红线桩不通视时，则根据附近的城市导线点，用附合导线或闭合导线的形式测定红线桩的坐标值，以作校核。

3)当相邻红线桩互不通视，且附近又没有城市导线点时，则根据现场情况，选择一个与两红线桩均通视、可量的点位，组成三角形，测量该夹角与两邻边，然后用余弦定理计算对边(红线)边长，与设计值比较以作校核。

2. 校测水准点

(1)目的。水准点是建筑物高程定位的依据,若点位或数据有误,均直接影响建筑物高程的正确性,从而影响建筑物的使用功能。校测水准点,即为了取得正确的高程起始依据。

(2)测法。对建设单位提供的两个水准点进行附合校测,用实测高差与已知高差比较,以作校核。若建设单位只提供一个水准点(或高程依据点),则必须请其出具确认证明,以保证点位与高程数据的有效性。

第三节　测设工作的基本方法

施工测量的基本工作包括测设已知水平距离、已知水平角、已知高程和平面点位的测设。

一、水平距离、水平角及高程的测设

1. 水平距离的测设

水平距离测设的任务是,将设计距离标定在已测定的方向上。水平距离测设的工具和仪器是钢尺、测距仪或全站仪。

(1)钢尺法

按照精度要求的不同,可分为一般法和精密法。

1)一般法

在地面上由已知点 A 开始沿已知方向用钢卷尺量出已知水平距离 D 定出 B 点,如图 6-1 所示。为了校核与提高测设精度,在起点 A 处改变读数,按同法量已知距离 D 定出 B' 点。由于量距误差 B 与 B' 两点一般不重合,其相对误差在允许范围内时(参照相应的规范或标准),则取两点的中点作为最终位置。

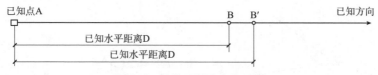

图 6-1　钢卷尺测设水平距离

2)精密法

精密法量距是第四章所述钢卷尺量距的逆过程,即由实际尺长反推名义尺长。设 l_0 为名义尺长、Δl_i 尺长改正、Δl_t 为温度改正、Δl_h 为倾斜改正、D 为实际尺长,根据名义尺长和实际尺长的关系可得

$$l_0 = D - \Delta l_i - \Delta l_t - \Delta l_h$$

即若需要丈量长度为 D 的距离,钢卷尺的名义长度应为 l_0。同样为了避免错误,应变换起点丈量两次取平均位置。

（2）测距仪法

如图 6-2 所示,需要在倾斜坡面上测设一段水平距离 D。在 A 点安置测距仪,

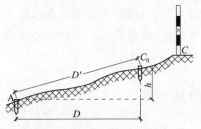

图 6-2　水平距离的测设方法

在方向测设距离 D',应使距离 D' 加气象改正与倾斜改正后的距离等于设计水平距离 D。

（3）全站仪法

使用全站仪放样功能可以同时测设点的三维坐标 x、y、H。

2. 水平角度的测设

水平角测设的任务是,根据地面已有的一个已知方向,将设计角度的另一个方向标定到地面上。水平角测设的仪器是经纬仪或全站仪。

（1）正倒镜分中法

如图 6-3(a)所示,设地面上已有方向,要在 A 点以 AB 为起始方向,向右测设出设计的水平角 β,将经纬仪安置在 A 点后的操作步骤如下。

1）盘左瞄准 B 点,读取水平度盘读数为 L_B 松开水平制动螺旋,顺时针旋转照准部,当水平度盘读数约为 $L_B+\beta$ 时,制动照准部,旋转水平微动螺旋,使水平度盘读数准确地对准 $L_B+\beta$,在视线方向定出 C′点。

2）倒转望远镜为盘右位置,用与上述同样的操作方法在视线方向定出点 C″,取 C′的中点 $\overline{C}$,则∠BA$\overline{C}$即为要测设的 β 角。

（2）多测回修正法

仍以图 6-3 的角度测设为例介绍。

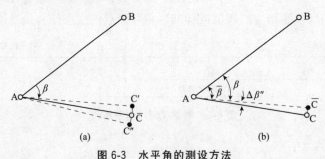

(a)　　　　　　　　　　　　(b)

图 6-3　水平角的测设方法

(a)正倒镜分中法；(b)多测回修正法

先用正倒镜分中法测设出 $\overline{C}$ 点,再用测回法观测∠BA$\overline{C}$2～3 测回,设角度观测的平均值为 $\overline{\beta}$,则其与设计角值 β 的差为 $\Delta\beta''=\overline{\beta}-\beta$(以秒为单位),点至 C 点

的水平距离为 D，则 $\overline{C}$ 点偏离正确点位 C 的弦长约为

$$C\overline{C} \approx D\frac{\Delta\beta''}{\rho''}$$

式中：$\rho'' = 206265$。

如图 6-3(b)所示，假设求得 $\Delta\beta'' = -12''$，$D = 123.456$m，则 $C\overline{C} = 7.2$mm。$\Delta\beta'' = -12'' < 0$，说明 $\overline{\beta}$ 角比设计角 β 小。用小三角板，从 $\overline{C}$ 点沿垂直于 $A\overline{C}$ 方向向背离 B 的方向量 7.2mm，定出 C 点。

3. 高程测设的方法

高程测设的任务是，将设计高程标定在指定桩位上。高程测设主要在平整场地、开挖基坑、定路线坡度和定桥台桥墩的设计标高等场合使用。高程测设的方法有水准测量法和全站仪三角高程测量法，水准测量法一般采用视线高程法进行。

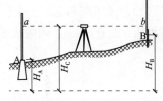

图 6-4　视线高程法测设高程

如图 6-4 所示，已知水准点 A 的高程为 $H_A = 12.345$m，欲在 B 点测设出某建筑物的室内地坪高程（建筑物的 ± 0.000）为 $H_B = 13.016$m。将水准仪安置在 A、B 两点的中间位置，在 A 点竖立水准尺，读取 A 尺上的读数设为 $a = 1.358$m，则水准仪的视线高程应为

$$H_i = H_A + a = 12.345 + 1.358 = 13.703\text{m}$$

在 B 点竖立水准尺，设水准尺瞄准 B 尺的读数为 b，则应 b 满足方程 $H_B = H_i - b$，由此求出 b 为

$$b = H_i - H_B = 13.703 - 13.016 = 0.687\text{m}$$

用逐渐打入木桩或在木桩一侧画线的方法，使立在 B 点桩位上的水准尺读数为 0.687m。此时，B 点的高程就等于欲测设的高程 13.016m。

在建筑设计图纸中，建筑物各构件的高程都是参照室内地坪为零高程面标注的，也即建筑物内的高程系统是相对高程系统，基准面为室内地坪标高。

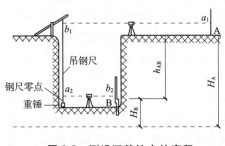

图 6-5　测设深基坑内的高程

当欲测设的高程与水准点之间的高差很大时，可以用悬挂钢尺来代替水准尺进行测设。如图 6-5 所示，水准点 A 的高程已知，为了在深基坑内测设出设计高程 H_b，在深基坑一侧悬挂钢尺（尺的零端在下端，挂一个重量约等于钢尺检定时拉力的重锤）代替一根水准尺。在地面上的图示位置安置水准仪，读出 A 点水准尺上

的读数为 a_1，钢尺上的读数为 b_1 将水准仪移至基坑内安置在图示位置，读出钢尺上的读数为 a_2，假设 B 点水准尺上的读数为 b_2，则应有下列方程成立

$$H_B - H_A = h_{AB} = (a_1 - b_1) + (a_2 - b_2)$$

由此解出 b_2 为

$$b_1 = a_1 + (a_1 - b_1) - h_{AB}$$

用逐渐打入木桩或在木桩一侧画线的方法，使立在 B 点桩位上的水准尺读数等于 b_2。此时 B 点的高程就等于欲测设的高程 H_B。

二、坡度线的测设

在修筑道路，敷设上、下水管道和开挖排水沟等工程的施工中，需要在地面上测设设计的坡度线。坡度测设所用仪器有水准仪、经纬仪与全站仪。

如图 6-6 所示，设地面上 A 点的高程为 H_A，现要从 A 点沿方向测设出一条坡度为 i 的直线，AB 间的水平距离为 D。使用水准仪测设的方法如下。

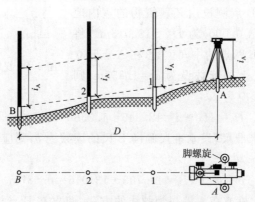

图 6-6　使用水准仪测设坡度

（1）计算出 B 点的设计高程为 $H_B = H_A - i_D$，应用水平距离和高程测设方法测设出 B 点。

（2）在 A 点安置水准仪，使一个脚螺旋在方向线上，另两个脚螺旋的连线垂直于方向线，量取水准仪高 i_A，用望远镜瞄准 B 点上的水准尺，旋转 AB 方向上的脚螺旋，使视线倾斜至水准尺读数为仪器高 i_A 为止，此时，仪器视线坡度即为 i。在中间点 1、2 处打木桩，在桩顶上立水准尺使其读数均等于仪器高 i_A，这样各桩顶的连线就是测设在地面上的设计坡度线。

当设计坡度 i 较大，超出了水准仪脚螺旋的最大调节范围时，应使用经纬仪进行测设，方法同上。当使用电子经纬仪或全站仪测设时，可以将其竖盘显示单位切换为坡度单位，直接将望远镜视线的坡度值调整到设计坡度值 i 即可，不需要先测设出 B 点的平面位置和高程。

三、平面点位的测设方法

测设点的平面位置的方法主要有下列几种,可根据施工控制网的形式,控制点的分布情况、地形情况、现场条件及待建建筑物的测设精度要求等进行选择。

1. 直角坐标法

当建筑物附近已在彼此垂直的主轴线上时,可采用此法。

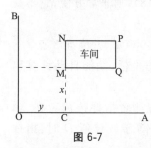

图 6-7

如图 6-7 所示,OA、OB 为两条互相垂直的主轴线,建筑物两个轴线 MQ、PQ 分别与 OA、OB 平行。设计总平面图中已给定车间的四个角点 M、N、P、Q 的坐标,现以 M 点为例,介绍其测设方法。

O 点坐标 $x_0 = 0$,$y_0 = 0$,M 点的坐标 x,y 已知,先在 O 点上安置经纬仪,瞄准 A 点,沿 OA 方向从 O 点向 A 测设距离 y 得 C 点;然后将仪器搬至 C 点,仍瞄准 A 点,向左测设 90°角,沿此方向从 O 点测设距离 x 即得 M 点,并沿此方向测设出 N 点。同法测设出 P 点和 Q 点。最后应检查建筑物的四角是否等于 90°,各边是否等于设计长度,误差在允许范围之内即可。

上述方法计算简单,施测方便、精度较高,是应用较广泛的一种方法。

2. 极坐标法

极坐标法是根据水平角和距离测设点的平面位置。适用于测设距离较短,且便于量距的情况。

图 6-8 中 A、B 两点是某建筑物轴线的两个端点,附近有测量控制点 1、2、3、4、5,用下列公式可计算测设数据 β_1、β_2 和 D_1、D_2。

设 α_{2A}、α_{23}、α_{43} 如表示相应直线的坐标方位角;控制点 1、2、3、4 和轴线端点 A、B 的坐标均为已知,则:

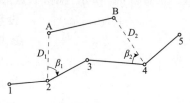

图 6-8

$$\alpha_{2A} = \arctan \frac{Y_A - Y_2}{X_A - X_2}$$

$$\alpha_{2B} = \arctan \frac{Y_B - Y_4}{X_B - X_4}$$

$$\beta_1 = \alpha_{23} - \alpha_{2A}$$

$$\beta_2 = \alpha_{4B} - \alpha_{43}$$

$$D_1 = \frac{Y_A - Y_2}{\sin\alpha_{2A}} = \frac{X_A - X_2}{\cos\alpha_{2A}}$$

$$D_2 = \frac{Y_B - Y_4}{\sin\alpha_{4B}} = \frac{X_B - X_4}{\cos\alpha_{4B}}$$

根据上式计算的 β 和 D，即可进行轴线端点的测设。

测设 A 点时，在点 2 安置经纬仪，先测设出 β_1 角，在 2A 方向线上用钢尺测设 D_1，即得 A 点；再搬仪器至点 4，用同法定出 B 点。最后丈量 AB 的距离，应与设计的长度一致，以资检核。

如果使用电子速测仪测设 A、B 点的平面位置(图 6-8)，则非常方便，它不受测设长度的限制，测法如下。

(1)把电子速测仪安置在 2 点，置水平度盘读数为 $0°00'00''$，并瞄准 3 点。

(2)用手工输入 A 点的设计坐标和控制点 2、3 点的坐标，就能自动计算出放样数据：水平角度 β_1 和水平距离 D_1。

(3)照准部转动一已知角度 β_1，并沿视线方向，由观测者指挥持镜者在 2A 方向上前后移动棱镜位置，当显示屏上显示的数值正好等于放样值 D 时，指挥持镜者定点，即得 A 点。

(4)把棱镜安置在 A 点，再实测 2A 的水平距离，以资检核。

(5)同法，将电子速测仪移至 4 点，测设 B 点的平面位置。

(6)实测 AB 的水平距离，它应等于 AB 轴线的长度，以资检核。

3. 角度交会法

此法又称方向线交会法。当待测设点远离控制点且不便量距时，采用此法较为适宜。

如图 6-9 所示，根据 P 点的设计坐标及控制点 A、B、C 的坐标，首先算出测

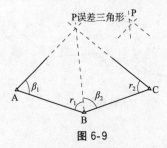

图 6-9

设数据 β_1、γ_1、β_2、γ_2 角值。然后将经纬仪安置在 A、B、C 三个控制点上测设 β_1、γ_1、β_2、γ_2。并且分别沿 AP、BP、CP 方向线，在 P 点附近各打两个小木桩，桩顶上钉上小钉，以表示 AP、BP、CP 的方向线。将各方向的两个方向桩上的小钉用细线绳拉紧，即可得出 AP、BP、CP 三个方向的交点，此点即为所求的 P 点。

由于测设误差，若三条方向线不交于一点时，会出现一个很小的三角形，称为误差三角形。当误差三角形边长在允许范围内时，可取误差三角形的重心作为 P 点的点位。如超限，则应重新交会。

4. 距离交会法

距离交会法是根据两段已知距离交会出点的平面位置。如建筑场地平坦，量距方便，且控制点离测设点又不超过一整尺的长度时，用此法比较适宜。在施

工中的细部位置测设常用此法。

具体做法如图 6-10 所示,设 A、B 是设计管道的两个转折点,从设计图纸上求得 A、B 点距附近控制点的距离为 D_1、D_2、D_3、D_4。用钢尺分别从控制点 1、2 量取 D_1、D_2,其交点即为 A 点的位置。同法定出 B 点。为了检核,还应将 AB 长度与设计长度比较,其误差应在允许范围之内。

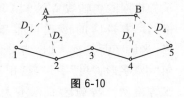

图 6-10

第四节　现场的施工控制测量

由于在勘测时期建立的控制网是为测图而建立的,未考虑施工的要求,因此控制点的分布、密度和精度都难以满足施工测量的要求。另外,平整场地时控制点大多被破坏,因此,在施工之前,建筑场地上要重新建立专门的施工控制网。

在大中型建筑施工场地上,施工控制网多用正方形或矩形格网组成,称为建筑方格网(或矩形网)。在面积不大且不十分复杂的建筑场地上,常布置一条或几条基线,作为施工测量的平面控制线,称为建筑基线。下面分别简单地介绍这两种控制形式。

一、建筑方格网

1. 建筑方格网的坐标系统

在设计和施工部门,为了工作上的方便,常采用一种独立坐标系统,称为施工坐标系或建筑坐标系。如图 6-11 所示,施工坐标系的纵轴通常用 A 表示,横轴用 B 表示,施工坐标也叫 A、B 坐标。

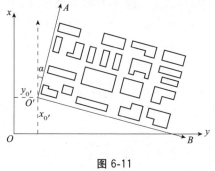

图 6-11

施工坐标系的 A 轴和 B 轴,应与厂区主要建筑物或主要道路、管线方向平行。坐标原点设在总平面图的西南角,使所有建筑物和构筑物的设计坐标均为正值。施工坐标系与国家测量坐标系之间的关系,可用施工坐标系原点 O' 的测量系坐标 $x_{o'}$、$y_{o'}$ 及 $O'A$ 轴的坐标方位角 α 来确定。在进行施工测量时,上述数据由勘测设计单位给出。

2. 建筑方格网的布设

(1)建筑方格网的布置和主轴线的选择

建筑方格网的布置,应根据建筑设计总平面图上各建筑物、构筑物、道路及各种管线的布设情况,结合现场的地形情况拟定。如图 6-12 所示,布置时应先选定建筑方格网的主轴线 MN 和 CD,然后再布置方格网。方格网的形式可布置成正方形或矩形,当场区面积较大时,常分两级。首级可采用"十"字形、"口"字形或"田"字形,然后再加密方格网。当场区面积不大时,尽量布置成全面方格网。

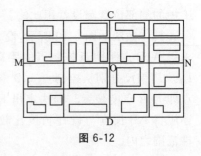

图 6-12

布网时,如图 6-12 所示,方格网的主轴线应布设在厂区的中部,并与主要建筑物的基本轴线平行。方格网的折角应严格成 90°。方格网的边长一般为 100~200m 矩形方格网的边长视建筑物的大小和分布而定,为了便于使用,边长尽可能为 50m 或它的整倍数。方格网的边应保证通视且便于测距和测角,点位标石应能长期保存。

(2)确定主点的施工坐标

如图 6-13,MN、CD 为建筑方格网的主轴线,它是建筑方格网扩展的基础。当场区很大时,主轴线很长,一般只测设其中的一段,如图中的 AOB 段,该段上 A、O、B 点是主轴线的定位点,称主点。主点的施工坐标一般由设计单位给出,也可在总平面图上用图解法求得一点的施工坐标后,再按主轴线的长度推算其他主点的施工坐标。

(3)求算主点的测量坐标

当施工坐标系与国家测量坐标系不一致时在施工方格网测设之前,应把主点的施工坐标换算为测量坐标,以便求算测设数据。

如图 6-14 所示,设已知 P 点的施工坐标为 A_P 和 B_P,换算为测量坐标时,可按下式计算。

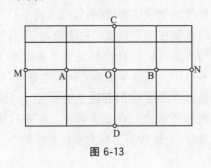

图 6-13

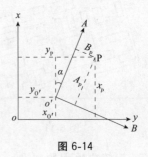

图 6-14

$$\left.\begin{array}{l} x_P = x_{O'} + A_P\cos\alpha - B_P\sin\alpha \\ y_P = y_{O'} + A_P\sin\alpha + B_P\cos\alpha \end{array}\right\}$$

3. 建筑方格网的测设

图 6-15 中的 1、2、3 点是测量控制点，A、O、B 为主轴线的主点。首先将 A、O、B 三点的施工坐标换算成测量坐标，再根据它们的坐标反算出测设数据 D_1、D_2、D_3 和 β_1、β_2、β_3，然后按极坐标法分别测设出 A、O、B 三个主点的概略位置，如图 6-16，以 A′、O′、B′ 表示，并用混凝土桩把主点固定下来。混凝土桩顶部常设置一块 $10\text{cm} \times 10\text{cm}$ 的铁板，供调整点位使用。受主点测设误差的影响，三个主点一般不在一条直线上，因此需在 O′ 点上安置经纬仪，精确测量 $\angle A'O'B'$ 的角值 β 与 $180°$ 之差超过限差时应进行调整，各主点应沿 AOB 的垂线方向移动同一改正值 δ 使三主点成一直线。δ 值可按下式计算。图 6-16 中 u 和 r 角均很小，故

$$180° - \beta = u + r = \left(\frac{2\delta}{a} + \frac{2\delta}{b} \right)\rho = 2\delta\left(\frac{a+b}{ab} \right)\rho$$

$$\delta = \frac{ab}{2(a+b)} \frac{1}{\rho} (180° - \beta)$$

移动 A′、O′、B′ 三点之后再测 $\angle A'O'B'$，如果测得结果与 $180°$ 之差仍超限，应再进行调整，直到误差在允许范围内为止。

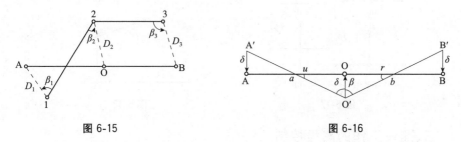

图 6-15　　　　　　　　　　　　　　　　图 6-16

A、O、B 三个主点测设好后，如图 6-16 所示。将经纬仪安置在 O 点，瞄准 A 点，分别向左、向右转 $90°$，测设出另一主轴线 COD，同样用混凝土桩在地上定出其概略位置 C′ 和 D′、再精确测出 $\angle AOC'$ 和 $\angle AOD'$，分别算出它们与 $90°$ 之差 ε_1 和 ε_2。并计算出改正值 l_1 和 l_2

$$l = L \frac{\varepsilon''}{\rho''}$$

式中：L——OC′ 或 OD′ 间的距离。

C、D 两点定出后，还应实测改正后的 $\angle COD$，它与 $180°$ 之差应在限差范围内。然后精密丈量出 OA、OB、OC、OD 的距离，在铁板上刻出其点位。

主轴线测设好后，分别在主轴线端点上安置经纬仪，均以 O 点为起始方向，分别向左、向右测设出 $90°$ 角，这样就交会出田字形方格网点。为了进行校核，还要安置经纬仪于方格网点上，测量其角值是否为 $90°$，并测量各相邻点间的距离，

看它是否与设计边长相等,误差均应在允许范围之内。此后再以基本方格网点为基础,加密方格网中其余各点。

二、建筑基线

建筑基线的布置也是根据建筑物的分布,场地的地形和原有控制点的状况而选定的。建筑基线应靠近主要建筑物,并与其轴线平行,以便采用直角坐标法进行测设,通常可布置成如图 6-17 所示的几种形式。

为了便于检查建筑基线点有无变动,基线点数不应少于三个。

根据建筑物的设计坐标和附近已有的测量控制点,在图上选定建筑基线的位置,求算测设数据,并在地面上测设出来。如图 6-18 所示,根据测量控制点 1、2,用极坐标法分别测设出 A、O、B 三个点。然后把经纬仪安置在 O 点,观测 ∠AOB 是否等于 $90°$,其值不应超过 $\pm24''$。丈量 OA、OB 两段距离,分别与设计距离相比较,其不符值不应大于 $\dfrac{1}{10000}$。否则,应进行必要的点位调整。

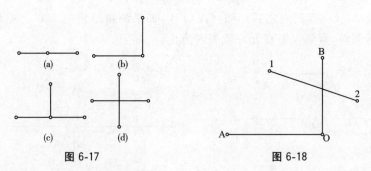

图 6-17   图 6-18

三、测设工作的高程控制

在建筑场地上,水准点的密度应尽可能满足安置一次仪器即可测设出所需的高程点的要求。而测绘地形图时敷设的水准点往往是不够的,因此,还需增设一些水准点。在一般情况下,建筑方格网点也可兼作高程控制点。只要在方格网点桩面上中心点旁边设置一个突出的半球状标志即可。

在一般情况下,采用四等水准测量方法(详见第六章)测定各水准点的高程,而对连续生产的车间或下水管道等,则需采用三等水准测量的方法测定各水准点的高程。

此外,为了测设方便和减少误差,在一般厂房的内部或附近应专门设置 ±0.000 水准点。但需注意设计中各建、构筑物的 ±0.000 的高程不一定相等,应严格加以区别。

第五节　土方工程施工测量

土石方工程施工测量包括建筑场地平整,基坑(槽)、路基及某些特殊构筑物的开挖、回填等施工中的测量工作,其重要内容就是土石方量的测算。

一、场地平整测量

场地平整的目的是将高低不平的建筑场地平整为一个水平面(特殊情况时平整为倾斜面)。其中,测量工作的主要任务是为挖、填土方的平衡而做相应的施工标志,并且计算出挖(填)土方量。

1. 土方方格网的测设及挖(填)土方量计算

土方方格网不同于前面所讲的施工方格网。施工方格网用来控制建筑物的位置,其方格网点具有坐标值,所以要根据控制点的坐标来测设。而土方方格网仅仅用来测算土方量,其方格网点并不带坐标值,所以无需根据控制点的坐标来测设,而只把要平整的场地用纵横相交的网点连线分成面积相等的若干个小方格就行了,并且测设精度要求较低,其点位误差允许值为±30cm,标高误差允许值为±2cm,平整范围定线误差为±20cm。当然,若把施工方格网加密,则施工方格网也可作为土方方格网来测算土方量。

土方方格网可用经纬仪或钢尺、皮尺在平整场地上任何方向测设,每个小方格的边长依场地大小、地面起伏状况和精度要求而定,一般为10～40m,通常采用20m。每个格网点要用木桩标定并按顺序编号。

土方方格网有满边网与退格网之分,其测设方法也有所不同,现分别介绍如下。

(1)满边土方方格网的测设方法及挖(填)土方量计算

1)测设方法。如图6-19所示,A、B、C、D。为一块平整场地的四个边界点,1、5、21、25 为在该场地上布设的方格网的四个角点。像这种在平整场地的边界上就开始设网点的方格网叫满边方格网,其测设步骤要点如下。

①在任一角点 A 安置经纬仪,后视另一角点 B,转 90°水平角而定出 C 点。把 AC 间隔均匀地分成若干等份,用钢尺量距定点(或用测距仪测边定点)以下类同。把 AC 间隔均匀地分成若干等份(不一定与 AB 边各份的距离相同),用钢尺量距定点。

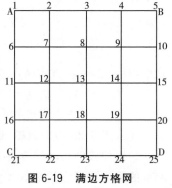

图 6-19　满边方格网

②在 C 点安置经纬仪,后视 A 点,转 90°水平角,按 AB 边上边长的分法定出 D 点,把 BD 按 AC 边上的分法分成若干等份,用钢尺量距定点。这样,方格网四个周边及其周边上各点就测设出来了。若闭合边 BD 在允许值内,则可进行中间各网点的测设。

③在周边各网点上用经纬仪转直角定线,用钢尺量距来定出中间各网点的位置,并用木桩标定之。这样,满边方格网就测设完毕。

2)测定各网点的地面高程。根据场地附近水准点,用水准仪按水准测量的方法测定各网点的地面标高。若场地附近没有水准点,则可认定一个固定点(并假设其高程值)作后视点,测出各点的相对高程。因为测定各网点标高的目的只是要找出各网点之间的高差、确定各网点的平均高度和计算施工高度,进而算出挖(填)土方量,所以,用假定后视点高程的方法是完全可以的。

3)计算各网点的平均高程值。在图 6-20 中,各方格网点处上面的数字为所测得的各方格网点的地面标高。从这些数字中可以看出,各方格网点的地面高程不尽一致,最高点和最低点的高差达一米多。如果要将高就低地把这块场地整平,就必然存在一个不挖不填的高度。这个高度就是各方格网点的平均高度。高于平均高度的地方就要挖,低于平均高度的地方就要填,高多少就挖多少,低多少就填多少,这样,挖填将自然平衡(即挖方量等于填方量)。因此,要想计算挖(填)土方量,必须首先计算出各方格网点的平均高程值。

$H_{平均}=51.57$

51.24	51.08	51.18	51.31	51.47
−0.33	−0.49	−0.39	−0.26	−0.10
51.41	51.21	51.29	51.38	51.61
−0.16	−0.36	−0.28	−0.19	−0.04
51.85	51.53	51.26	51.68	51.85
+0.28	+0.04	+0.31	+0.11	+0.28
52.00	51.64	51.39	51.37	52.06
+0.43	+0.07	+0.18	+0.29	+0.49
52.10	51.94	51.96	52.12	52.42
+0.53	+0.37	+0.39	+0.55	+0.86

图 6-20　各网点的地面高程

①用算术平均法计算各方格网点的平均高程值。用算术平均法计算各方格网点的平均高程值的方法是:把各方格网点的地面标高数字全部加起来,然后再除以方格网点的个数,即

$$H_{平均} = \frac{\sum\limits_{i=1}^{n} H_i}{n} \tag{6-1}$$

式中:$H_{平均}$——各方格网点的算术平均高程;

H_i——各方格网点的单个高程;

n——方格网点的个数。

代入图 6-20 中的数据,该方格网点的平均高程为 $H_{平均}=51.63\mathrm{m}$。

②用加权平均法计算各方格网点的平均高程值。用加权平均法计算各方格网点的平均高程值的基本思想是,先根据各小方格角上的四个高程数据,算出各

小方格的平均高程值,然后根据各小方格的平均高程值,再算出整个方格网的平均高程值。

例如,在图 6-19 由 1、2、6、7 四个网点组成的小方格中,其平均高程为 1、2、6、7 四个网点的单个高程加起来除以 4;由 2、3、7、8 四个网点组成的小方格中,其平均高程为 2、3、7、8 四个网点的单个高程加起来除以 4。不难发现,在计算上述两个小方格各自的平均高程时,2、7 两点的单个高程值用了两次。再观察整个计算过程,可以得出这样的规律:在计算各小方格的平均高程值时,1、5、21、25 这四个角的高程值只参与计算一次,2、3、4、…等边点的高程值将参与计算两次,7、8、9、…等中间点的高程值将参与计算四次(凹角点为三次,本例中暂无)。我们把各网点单个高程值参与计算的次数称为各点的权。

根据上述规律可以总结出用加权平均法来计算各网点的平均高程值的方法为:用各网点的高程值乘以该点的权,并求出其总和,然后再除以各点权的总和,即

$$H_{平均} = \frac{\sum\limits_{i=1}^{n} P_i H_i}{\sum\limits_{i=1}^{n} P_i} \tag{6-2}$$

式中:$H_{平均}$——各方格网点的加权平均高程;

$\quad\quad H_i$——各方格网点的单个高程;

$\quad\quad P_i$——各方格网点的权;

$\quad\quad n$——方格网点的个数。

代人图 6-20 中的数据,该方格网点的平均高程为 $H_{平均} = 51.57\text{m}$。

像这种在求一群已知数的平均数时,不但要考虑这群已知数的数值,而且还把这些数各自的权也带进去参加计算的方法,叫加权平均法,其算得的值叫加权平均值。

把用加权平均法算得的结果与用算术平均法算得的结果进行比较,可以看出两个结果其值不等。用加权平均法算得的结果精度高,加权平均值比算术平均值更接近于真值。

4)计算各网点的施工高度。各网点的施工高度也就是各网点的应挖高度或应填深度。其计算方法是,用各网点的单个地面高程值减去加权平均高程值。若算得的差为正,则表示应挖,若算得的差为负,则表示应填,若算得的差为零,则表示不挖不填。将其计算结果标注在方格网图各网点地面高程值的下面,见图 6-21,并在平整现场各网点的标桩上写明。

5)计算各小方格的施工高度。把各小方格四个角点上的施工高度求代数和,然后再除以 4,即得各小方格的施工高度,也就是在这个小方格面积范围内

的应挖高度或应填深度。各小方格的施工高度计算出后,标注在方格网各小方格的中央(图6-21,也可以直接标在图6-20上),以便于计算挖(填)土方量。

显然,各小方格的施工高度有正有负,这正说明有挖有填。如果计算无误的话,那么应挖高度和应填深度一定相等,而且以此算出的应挖方量与应填方量也必然相等。

6)计算挖(填)土方量。将各小方格的施工高度乘以其面积,就得到各小方格的挖(填)土方量。其正值的总和为总挖方量。其负值的总和为总填方量。计算后如果看到总挖高等于总填深,总挖方等于总填方,则表明此块场地平整,挖、填平衡,测算无误。

(2)退格土方方格网的测设方法及挖(填)方量计算

在布设土方方格网时,为了计算土方量的方便,可由场地的纵、横边界分别向内缩进半个小方格边长而开始布设网点。这样,各网点实际上就是满边方格网各小方格的中心(图6-22中纵横虚线的交点所示)。像这种由平整场地的边界向内缩进一个尺寸后才开始布设网点的方格网叫退格方格网。例如,图6-22中虚线所构成的方格网就是退格方格网。

−0.34	−0.38	−0.28	−0.13
−0.07	−0.25	−0.17	+0.06
+0.18	−0.12	−0.04	+0.27
+0.35	+0.16	+0.24	+0.52

图 6-21　施工高度的表示

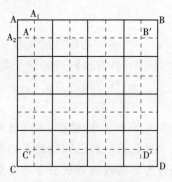

图 6-22　退格方格网

1)退格方格网的测设要点。

①按测设满边方格网的方法定出 AB 与 AC 边。

②在 AB 边上自 A 点起量取半个小方格边长为 A_1 点,在 AC 边上自 A 点起量取半个小方格边长为 A_2 点。

③过 A_1 点作 AC 的平行线,过 A_2 点作 AB 的平行线,两平行线的交点即为退格方格网的交点 A'。

④在 A' 点安置经纬仪,延长 A_2A',并按各方格的边长量距得 B' 点。再转 90°水平角,同样按各方格的边长量距得 C' 点。

⑤以下再按测设满边方格网的方法即可以测设出退格方格网。

2)测定各网点的地面高程。测设方法与测定满边方格网各网点的地面高程的方法相同。只不过此时各网点的地面高程实际上已代表满边方格网相应小方格的平均高程。

3)计算各网点的平均高程值。计算各网点的平均高程值时,仍可用算术平均法和加权平均法。因加权平均法较为精确,所以,通常都采用加权平均法。

4)计算各网点的施工高度。各网点施工高度的计算方法仍然是用各网点的地面高程值减去加权平均高程值。此时,各网点的施工高度就是满边方格网中相应小方格的施工高度,可直接用它来计算挖(填)土方量。

5)计算挖(填)土方量。各网点的施工高度乘以各小方格的面积,就是各小方格的挖(填)土方量。若各网点的挖高与填深相等,且总挖方又等于总填方,则表明计算无误。

从两种方格网的测设与土方量的计算过程来看,满边网的测设过程稍稍简单一点,但数据多且计算过程也多一步,退格网的测设过程稍稍复杂一点,但数据少且计算过程较简单。可以肯定,满边网的计算精度比退格网高,特别是在地面高低变化不均匀的场地上进行场地平整时,不宜采用退格网。

2. 零线位置的标定

在场地平整施工中,有时需要将挖、填的分界线测定于地上,并撒出白灰线,作为施工时掌握挖与填的标志线。这条挖与填的标志线在场地平整测量中叫做零线。

(1)零点的计算

在高低不平的地面上进行场地平整,总有一个不挖不填的高度,在已算出各方格网点的施工高度后,如一点为挖方,另一相邻点为填方,则在这两点之间,必然存在一个不挖不填的点,这个不挖不填的点在场地平整测量中就叫做零点。求出零点的位置后,把相邻零点连接起来,就得到了零线。

零点位置的计算公式为

$$x_1 = \frac{ah_1}{h_1 + h_2} \tag{6-3}$$

式中:a——小方格边长;

h_1、h_2——相邻两方格点的施工高度,其符号相反,均用绝对值代入计算;

x_1——零点与施工高度为 h_1 的方格点间的距离。

(2)零线的连成

零点的位置全部计算出来后,即可在平整现场相应的网点上通过用量距的方法把零点标定出来。然后沿相邻零点的连接线撒白灰线,就标定出了以白灰线为准的零线位置。

二、土石方量的测算方法

土石方量的计算是建筑工程施工中工程量的计算、编制施工组织设计和合理安排施工现场的一项重要依据。若土方的自然形状比较规则，则可按相应的几何形状的体积计算公式来计算土方量。若土方的自然形状不规则，则可以根据前面讲到的地形图应用中的土方量计算的几种方法进行计算。

第六节　建筑物定位放线测量

一、准备工作

首先是熟悉图纸，了解设计意图。设计图纸是施工测量的主要依据。与测设有关的图纸主要有：建筑总平面图、建筑平面图、立面图、剖面图、基础平面图和基础详图。建筑总平面图是施工放线的总体依据，建筑物都是根据总平面图上所给的尺寸关系进行定位的。建筑平面图给出了建筑物各轴线的间距。立面图和剖面图给出了基础、室内外地坪、门窗、楼板、屋架、屋面等处设计标高。基础平面图和基础详图给出基础轴线、基础宽度和标高的尺寸关系。在测设工作之前，需了解施工的建筑物与相邻建筑物的相互关系，以及建筑物的尺寸和施工的要求等。对各设计图纸的有关尺寸及测设数据应仔细核对，必要时要将图纸上主要尺寸摘抄于施测记录本上，以便随时查找使用。

其次要现场踏勘，全面了解现场情况，检测所有原有测量控制点。平整和清理施工现场，以便进行测设工作。

然后按照施工进度计划要求，制定测设计划，包括测设方法、测设数据计算和绘制测设草图。

在测量过程中，还必须清楚测量的技术要求，因此，测量人员对施工规范和工程测量规范的相关要求应进行学习和掌握。

二、建筑物的定位

建筑物的定位是根据设计条件，将建筑物外廓的各轴线交点（简称角点）测设到地面上，作为基础放线和细部放线的依据。由于设计条件不同，定位方法主要有下述三种：

1. 根据与原有建筑物关系定位

在建筑区内新建或扩建建筑物时，一般设计图上都给出新建筑物与附近原有建筑物或道路中心线的相互关系，如图 6-23 所示，图中绘有斜线的是原有建筑物,没有斜线的是拟建建筑物。

如图 6-23(a)所示,拟建的建筑物轴线 AB 在原有建筑物轴线 MN 的延长线上,可用延长直线法定位。为了能够准确地测设 AB,应先作 MN 的平行线 M′N′。作法是沿原建筑物 PM 与 QN 墙面向外量出 MM′及 NN′,并使 MM′=NN′,在地面上定出 M′ 和 N′ 两点作为建筑基线。再安置经纬仪于 M′ 点,照准 N′ 点,然后沿视线方向,根据图纸上所给的 NA 和 AB 尺寸,从 N′ 点用量距方法依次定出 A′、B′ 两点。再安置经纬仪于 A′ 和 B′ 测设 90°而定出 AC 和 BD。

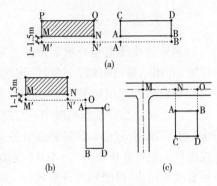

图 6-23　建筑物的定位

如图 6-23(b)所示,可用直角坐标法定位。先按上法作 MN 的平行线 M′N′,然后安置经纬仪于 N′ 点,作 M′N′ 的延长线,量取 ON′ 距离,定出 O 点,再将经纬仪安置于 O 点上测设 90°角,丈量 OA 值定出 A 点,继续丈量 AB 而定出 B 点。最后在 A 和 B 点安置经纬仪测设 90°,根据建筑物的宽度而定出 C 点和 D 点。

如图 6-23(c)所示,拟建建筑物 ABCD 与道路中心线平行,根据图示条件,主轴线的测设仍可用直角坐标法。测法是先用拉尺分中法找出道路中心线,然后用经纬仪作垂线,定出拟建建筑物的轴线。

2. 根据建筑方格网定位

在建筑场地已设有建筑方格网,可根据建筑物和附近方格网点的坐标,用直角坐标法测设。如图 6-24 所示,由 A、B 点的设计坐标值可算出建筑物的长度

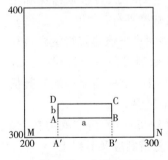

图 6-24　方格网定位

和宽度。测设建筑物定位点 A、B、C、D 时,先把经纬仪安置在方格点 M 上,照准 N 点,沿视线方向自 M 点用钢尺量取 A′M 得 A′ 点,再由 A′ 点沿视线方向量建筑物的长度得 B′ 点,然后安置经纬仪于 A′,照准 N 点,向左测设 90°,并在视线上量取 AA′ 得 A 点,再由 A 点继续量取建筑物的宽度得 D 点。安置经纬仪于 B′ 点,同法定出 B、C 点。为了校核,应再测量 AB、CD 及 BC、AD 的长度,看其是否等于建筑物的设计长度和宽度。

3. 根据控制点的坐标定位

在场地附近如果有测量控制点可以利用,也可以根据控制点及建筑物定位点的设计坐标,反算出交会角度或距离后,因地制宜采用极坐标法或角度交会法

将建筑物的主要轴线测设到地面上。

三、放线

建筑物放线是指根据定位的主轴线桩(即角桩)详细测设其他各轴线交点的位置,并用木桩(桩顶钉小钉)标定出来,称为中心桩,并据此按基础宽和放坡宽用白灰线撒出基槽边界线。

由于在施工开挖基槽时中心桩要被挖掉,因此,在基槽外各轴线延长线的两端应钉轴线控制桩(也叫保险桩或引桩),作为开槽后各阶段施工中恢复轴线的依据。控制桩一般钉在槽边外 2～4m 不受施工干扰并便于引测和保存桩位的地方,如附近有建筑物,亦可把轴线投测到建筑物上,用红油漆作出标志,以代替控制桩。

1. 龙门板的测设

在一般民用建筑中,为了便于施工,常在基槽开挖之前将各轴线引测至槽外的水平木板上,以作为挖槽后各阶段施工恢复轴线的依据。水平木板称为龙门板,固定木板的木桩称为龙门桩,如图 6-25 所示。设置龙门板的步骤如下:

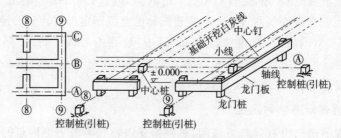

图 6-25　龙门桩的设置

(1)在建筑物四角和中间隔墙的两端基槽外 1.5～2m 处(可根据槽深和土质而定)设置龙门桩。桩要竖直、牢固,桩的侧面应与基槽平行。

(2)根据附近水准点,用水准仪在每个龙门桩外侧测设出该建筑物室内地坪设计高程线即±0 标高线,并作出标志。在地形条件受到限制时,可测设比±0 高或低整分米数的标高线,但同一个建筑物最好只选用一个标高。如地形起伏较大需用两个标高时,必须标注清楚,以免使用时发生错误。

(3)沿龙门桩上±0 标高线钉设龙门板,这样龙门板顶面的高程就均在±0 的水平面上。然后用水准仪校核龙门板的高程,如有差错则应及时纠正。

(4)把经纬仪安置于中心桩上,将各轴线引测到龙门板顶面上,并钉小钉作标志(称为中心钉)。如果建筑物较小,也可用垂球对准定位桩中心,在轴线两端龙门板间拉一小线绳,使其贴靠垂球线,用这种方法将轴线延长标在龙门板上。

(5)用钢尺沿龙门板顶面,检查中心钉的间距,其误差不超过 1/2000。检查合格后,以中心钉为准,将墙宽、基础宽标在龙门板上。最后根据基槽上口宽度拉线,用石灰撒出开挖边线。

龙门板使用方便,它可以控制±0 以下各层标高和基槽宽、基础宽、墙身宽。但它需要木材较多,且占用施工场地影响交通,对机械化施工不适应。这时候可以用轴线控制桩的方法来代替。

2. 轴线控制桩的测设

轴线控制桩的方法实质上就是厂房控制网的方法。在建筑物定位时,不是直接测设建筑物外廓的各主轴线点,而是在基槽外 1～2m 处测设一个与建筑物各轴线平行的矩形网。在矩形网边上测设出各轴线与之相交的交点桩,称为轴线控制桩或引桩。利用这些轴线控制桩,作为在实地上定出基槽上口宽、基础边线、墙边线等的依据。

一般建筑物放线时,±0.000 标高测设误差不得大于±3mm,轴线间距校核的距离相对误差不得大于 1/3000。

第七节　建筑物配件施工及安装的检测测量

一、砌体工程中皮数杆的设置及检验工作

皮数杆自 20 世纪 50 年代推广以来,是作为砌体工程来控制墙面平整、灰缝厚度及其水平度以及墙上构配件安装位置、标高等的标尺,是行之有效的工具。

皮数杆用木材制成,杆上将每皮砖厚及灰缝尺寸,分皮一一画出,每五皮注上皮数,故称为“皮数杆”,如图 6-26 所示。在杆的一侧将地坪标高、窗台线、门窗过梁、楼板位置分别画出。钉立皮数杆时,先靠基础打一大木桩,用水准仪在木桩上测设±0.000 标高线,再将皮数杆的地坪标高线与之对齐,用大钉将皮数杆竖直钉立于大木桩上,并加两道斜撑撑牢杆身。

皮数杆应钉设在墙角及隔墙处,砌砖时在相邻两杆上每皮灰缝底线处拉通线,用以控制砌砖,并指导砌窗台线、立门窗、安装门窗过梁。二层楼板安装好后,将皮数杆移到楼层,使杆上地坪标高正对楼面标高处(注意楼面标高应包括楼

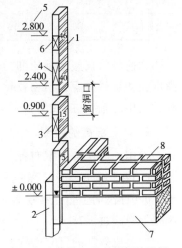

图 6-26　砌体工程皮数杆的设置

1-皮数杆;2-大木桩;3-窗台线;
4-门窗过梁;5-楼面标高;6-楼板;
7-地圈梁;8-砖砌体

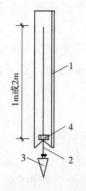

1m或2m

图 6-27　垂线板

1-垂球线板；2-垂球线；

3-垂球；4-毫米刻度尺

面粉刷厚度），即可进行二层墙体的砌筑。

皮数杆对于多层砖混结构的民用建筑，是保证砌体质量的有效设施。

立皮数杆后，质量检查员应用钢尺检验皮数杆的皮数划分，及几处标高线的位置是否符合设计要求。同时用如图 6-27 所示垂线板，将板的边缘紧靠皮数杆的一个侧面，如垂球线静止时恰好对准板底缺口凹点，表示这一方向皮数杆是竖直的。同法检验杆身相邻的另一面，如也是竖直，即表示杆身钉立竖直。

二、建筑的轴线及标高检验测量

建筑的墙柱每施工完一层，质量检验人员应立即进行该楼层的墙柱轴线及楼层标高的检验测量，方法如下：

1. 楼层墙、柱轴线的检测

置经纬仪于轴线桩上，严格对中、整平，后视龙门板（或底层基础上）的轴线标记，再仰起望远镜，检测该楼层或柱顶上的轴线标志，按"新版规范"的规定，不得超过表 6-1 所列的允许偏差。

表 6-1　墙、柱轴线的允许偏差 (mm)

结构类型	毛石墙	料石墙	砖墙	混凝土墙、柱	混凝土剪力墙	单层钢柱
允许偏差	15	10	10	5	5	5

为使经纬仪望远镜的仰角不致过大，仪器距建筑物的距离应大于建筑物的高度。如轴线桩距建筑物较近，应在测设时，根据施工场地情况，尽可能另设投测轴线用的轴线桩，或用激光经纬仪、全站仪等现代测量仪器及钢尺实测。

2. 楼层标高的检测

常用的方法有以下两种：

（1）在楼板吊装（或浇筑）完毕后，质量检查员应及时用钢尺沿一墙角，从 ±0.000 标高向上量至楼层表面，以检测各楼层的标高是否符合设计要求，允许偏差不得超过 ±15mm。

如对皮数杆的钉立已检验合格，则按皮数杆上的楼面标高，亦可计得各楼层的标高，以检验是否合格。

（2）如图 6-28 所示，在楼梯间悬吊一根钢尺，用水准仪测定楼层 B 点的高程为：

$$H_s = \pm 0.000 + a + (c-b) - d$$
$$= \pm 0.000 + a - b + c - d$$

施工员为掌握楼面抹灰及室内装修的标高,常在各层墙面上测设一标高墨线,距各层楼面 0.50m,质量检查员在检测楼层标高时,应同时用水准仪检验该标高是否合格。

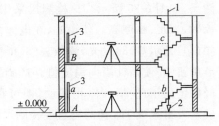

图 6-28　楼层标高的检测

1-悬吊钢尺;2-大垂球;3-水准尺

3. 墙面及楼地面的检测工作

墙面及楼地面施工完毕,质量检查员应根据《建筑装饰装修工程质量验收规范》(GB 50210—2001)的规定,抽样检查其施工质量。抽查数量为:室外每个检验批每 100m² 应至少抽查一处,每处不得小于 10m²。室内每个检验批应至少抽查 10%,并不得少于 3 间,不足 3 间时应全数检查。先进行外观检查,对质量有问题处,应列为抽查对象。检测的内容及方法如下。

(1)墙面及楼地面平整度的检测。在墙面、楼地面粉刷、装修施工完毕,质量检查员应用 2m 长的直尺(称为"靠尺"),靠在墙面和楼面不同方向处,以不见缝隙为好。如有缝隙,则用如图 6-29 所示的塞尺,塞入缝隙中,将塞尺的活动靠尺头部,靠紧直尺边,从活动靠尺面的刻度指标线,可读得缝隙厚度,此厚度即为墙面或楼地面平整度的允许偏差如表 6-2 所示。

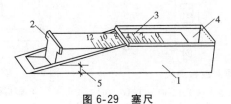

图 6-29　塞尺

1-塞尺;2-活动靠尺头部;3-指标线;4-有机玻璃尺面;5-缝隙厚度(尺面读数表示为 3.2mm)

表 6-2　装饰工程表面平整度允许偏差(mm)

一般抹灰		装饰抹灰				复合轻质墙板			外墙面砖	内墙面砖
普通抹灰	高级抹灰	水刷石	斩假石	干黏石	假面砖	金属夹芯板	其他复合板			
4	3	3	3	5	4	2	3	4	3	

注:本表摘录部分常用项目的允许偏差,其他构造的装饰工程的允许偏差,可查"新版规范"的相关项目。

(2)墙面垂直度的检测。墙面垂直度可用如图 6-27 所示的 2m 垂线板靠墙面检测。同时用钢角尺检测墙的转角和柱的阴、阳角是否为直角;阴、阳角线也用 2m 垂线板上、下靠线,检验是否为直线和垂直。现质检部门常用的垂直度检测尺,如图 6-30 所示。该检测尺采用电子技术和独特的传感方式,由电表显示读数,直观、精度高。使用时,在电池盒(2)内装入电池,开启电源开关(7)及定位扣(4),指示灯(8)发光,读数表(3)指针左右摆动。将尺上部向右倾斜,用满度调节旋钮(9)使指针指向满度值。将 2m 尺的上下胶座靠于需检测的墙面,用手指轻触定位销,使指针停止摆动,即可在表上读得垂直度的偏差值。如掀开搭扣(5),可折叠成 1m 长的垂直度检测尺。

四大角的垂直度,可用下述两种方法检测。

1)如建筑高度在 10m 以内,可用如图 6-31 所示的方法,在屋顶水平伸出一木尺,端部悬吊一垂线球,下部基础顶面亦放一水平木尺,当垂球静止时,用钢尺量得 a、b 两段长度,如 $a-b\neq0$ 则墙角不垂直,其差值不得超过 10mm。

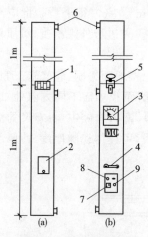

图 6-30　垂直度检测尺

1-铰链;2-电池盒;3-读数表;4-定位扣;5-搭扣;
6-胶座;7-电源开关;8-指示灯;9-满度调节旋钮

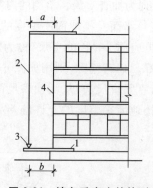

图 6-31　墙角垂直度的检测

1-木尺;2-垂球线;3-垂球;4-建筑墙角

2)用经纬仪在距建筑物大于其高度处安置望远镜,精确整平后,仰起望远镜用十字丝交点照准建筑物外墙角的最高点,固定照准部及望远镜,用望远镜微动螺旋,将望远镜徐徐向下俯视,如墙角线始终不离开十字丝交点,则该墙角线为垂直的直线。如底部有偏离,可在墙脚置一水平钢尺,根据十字丝交点在钢尺上投点,可量得墙角垂直度的偏差。当墙高不大于 10m 时,允许偏差不得超过 10mm;墙高大于 10m 时,允许偏差不得超过 20mm。

(3)灰缝的检测。砌体工程水平灰缝要求平直。砖砌体的灰缝,每步脚手架施工的砌体,每 20m 抽查一处。拉 10m 线检查,用水平尺抬平拉线,如灰缝偏离拉线不超过 7mm(清水墙)或 10mm(混水墙)则认为合格。同时用钢尺检查灰缝厚薄是否均匀,水平灰缝厚度宜为 10mm,但不应小于 8mm,也不应大于 12mm。

清水墙的垂直灰缝要求上下各缝对齐,如对不齐错位,称"游丁走缝",可用垂球线悬吊检测,允许错位偏差不得超过 20mm。

门窗洞口的位置、高、宽(后塞口),按设计图纸要求,用钢尺直接丈量,允许偏差为±5mm。外墙上下窗口偏移否,可用经纬仪或吊线检测,允许偏差为 20mm。

只要砌墙时,钉设皮数杆并拉线操作,规范要求的质量,一般可以满足。

第八节　工业厂房施工测量

一、厂房控制网的测设

厂房的定位应该是根据现场建筑方格网进行的。由于厂房多为排柱式建筑,跨距和间距较大,但是隔墙少,平面布置比较简单,所以厂房施工中多采用由柱轴线控制桩组成的厂房矩形方格网作为厂房的基本控制网,这个厂房控制网是在建筑方格网下测设出来的。如图 6-32 中Ⅰ、Ⅱ、Ⅲ、Ⅳ为建筑方格网点,a、b、c、d 为厂房最外边的四条轴线的交点,其设计坐标为已知。A、B、C、D 为布置在基坑开挖范围以外的厂房矩形控制网的四个角点,称为厂房控制桩。厂房控制桩的坐标可根据厂房外轮廓轴线交点的坐标和设计间距 l_1、l_2 求出。先根据建筑方格网点Ⅰ、Ⅲ用直角坐标法精确测设 A、B 两点,然后由 AB 测设 C 点和 D 点,最后校核∠DCA、∠BDC 及 DC 边长,对一般厂房来说,误差不应超过±10″和 1/10000。为了便于柱列轴线的测设,需在测设和检查距离的过程中,由控制点起沿矩形控制网的边上,按每隔 18m 或 24m 设置一桩,称为距离指标桩。

对于小型厂房也可采用民用建筑的测设方法直接测设厂房四个角点,再将轴线投测到龙门板或控制桩上。

对于大型或基础设备复杂的厂房,则应先精确测设厂房控制网的主轴线,如图 6-33 中的 MON 和 POQ,再根据主轴线测设厂房控制网 ABCD。

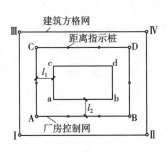

图 6-32　厂房控制网的测设

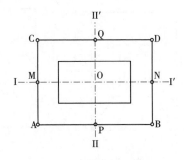

图 6-33　主轴线的测设

二、柱列轴线的测设与柱列基础放线

1. 柱列轴线的测设

根据厂房柱列平面图(图 6-34)上设计的柱间距和柱跨距的尺寸,使用距离指标桩,用钢尺沿厂房控制网的边逐渐测设距离,以定出各轴线控制桩,并在桩顶钉小钉以示点位。相应控制桩的连线即为柱列轴线(又称定位轴线),并应注意变形缝等处特殊轴线的尺寸变化,按照正确尺寸进行测设。

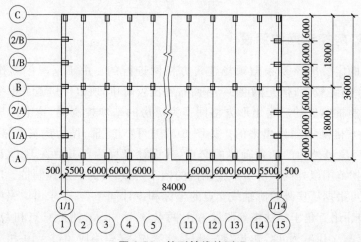

图 6-34　柱列轴线的测设

2. 柱基的测设

将两架经纬仪分别安置在纵、横轴线控制桩上,交会出桩基定位点(即定位轴线的交点)再根据定位点和定位轴线,按基础详图(图 6-35)上的尺寸和基坑放坡宽度,放出开挖边线,并撒上白灰标明。同时在基坑外的轴线上,离开边线约2m 处,各打入一个基坑定位小木桩,桩顶钉小钉作为修坑和立模的依据。

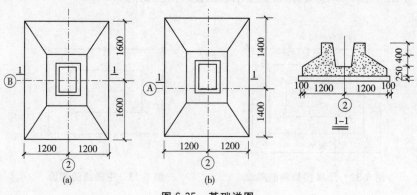

图 6-35　基础详图

由于定位轴线不一定是基础中心线,故在测设外墙、变形缝等处的柱基时,应特别注意。

3. 基坑的高程测设

当基坑挖到一定深度时,再用水准仪在基坑四壁距坑底设计标高 0.3～0.5m 处设置水平桩,作为检查坑底标高和打垫层的依据。

三、柱子安装测量

1. 安装前的准备工作

(1)在基础轴线控制桩上置经纬仪,检测每个柱子基础(一种杯形构筑物,如图 6-36 所示)中心线偏离轴线的偏差值,是否在规定的限差以内。检查无误后,用墨线将纵、横轴线标出在基础面上。

(2)检查各相邻柱子的基础轴线间距,其与设计值的偏差不得大于规定的限差。

(3)利用附近的水准点,对基础面及杯底的标高进行检测。基础面的设计标高一般为 −0.5m,检测得出的差值不得超过 ±3mm;杯底检测标高的限差与基础面相同。超过限差的,要对基础进行修整。

(4)在每根柱子的两个相邻侧面上,用墨线弹出柱中线,并根据牛腿面的设计标高,自牛腿面向下精确地量出 ±0.000 及 −0.600 标志线,如图 6-37 所示。

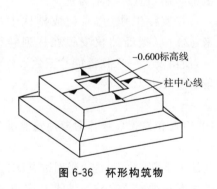

图 6-36　杯形构筑物

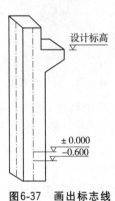

图6-37　画出标志线

2. 柱子安装测量

安装柱子的要求如下:

(1)位置准确。柱中线对轴线位移不得大于 5mm。

(2)柱身竖直。柱顶对柱底的垂直度偏差,当柱高 $H \leqslant 5m$ 时,不得大于 5mm,$5 < H \leqslant 10mm$ 时,不得大于 10mm;$H > 10mm$ 时,不得大于 $H/1000$,但不超过 25mm。

牛腿面在设计的高度上。其允许偏差为—5mm。

在安装时,柱中线与基础面已弹出的纵、横轴线应重合,并使—0.600的标志线与杯口顶面对齐后将其固定。

测定柱子的垂直偏差量时,在纵、横轴线方向上的经纬仪,分别将柱顶中心线投点至柱底。根据纵、横两个方向的投点偏差计算偏差量和垂直度。

3. 柱子的校正

(1)柱子的水平位置校正

柱子吊入杯口后,使柱子中心线对准杯口定位线,并用木楔或钢楔作临时固定,如果发现错动,可用敲打楔块的方法进行校正,为了便于校正时使柱脚移动,事先在杯中放入少量粗砂。

(2)柱子的铅直校正

如图6-38所示,将两架经纬仪分别安置在纵、横轴线附近,离柱子的距离约为1.5倍柱高。先瞄准柱脚中线标志符号,固定照准部并逐渐抬高望远镜,若是柱子上部的中线标志符号在视线上,则说明柱子在这一方向上是竖直的。否则,应进行校正。校正的方法有敲打楔块法、变换撑杆长度法以及千斤顶斜顶法等。根据具体情况采用适当的校正方法,使柱子在两个方向上都满足铅直度要求为止。

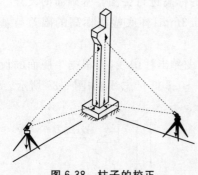

图6-38　柱子的校正

在实际工作中,常把成排柱子都竖起来,这时可把经纬仪安置在柱列轴线的一侧,使得安置一次仪器能校正数根柱子。为了提高校正的精度,视线与轴线的夹角不得大于15°。

(3)柱子铅直校正的注意事项

1)校正用的经纬仪必须经过严格的检查和校正。操作时要注意照准部水准管气泡严格居中。

2)柱子的垂直度校正好后,要复查柱子下部中心线是否仍对准基础定位线。

3)在校正截面有变化的柱子时,经纬仪必须安置在柱列轴线上,以防差错。

4)避免在日照下校正,应选择在阴天或早晨,以防由于温度差使柱子向阴面弯曲,影响柱子校正工作。

四、吊车梁、轨安装测量

1. 准备工作

(1)首先根据厂房中心线 AA′ 及两条吊车轨道间的跨距,在实地上测设出两

边轨道中心线 A_1A_1' 及 A_2A_2'，如图 6-39 所示。并在这两条中心线上适当地测设一些对应的点 1、2、…，以便于向牛腿面上投点。这些点必须位于直线上，并应检查其间跨是否与轨距一致。而后在这些点上置经纬仪，将轨道中心线投射到牛腿面上，并用墨线在牛腿面上弹出中心线。

（2）在预制好的钢筋混凝土梁的顶面及两个端面上。用墨线弹出梁中心线，如图 6-40 所示。

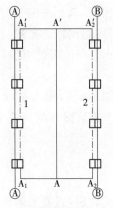

图 6-39　测设轨道中心线

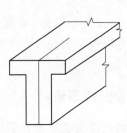

图 6-40　划出梁中心线

（3）根据基础面的标高，沿柱子侧面用钢尺向上量出吊车梁顶面的设计标高线（也可量出比梁面设计标高线高 5～10cm 的标高线），供修整梁面时控制梁面标高用。

2. 吊车梁安装测量

（1）吊装吊车梁时，只要使吊车梁两个端面上的中心线，分别与牛腿面上的中心线对齐即可，其误差应小于 3mm。

（2）吊车梁安装就位后，要根据梁面设计标高对梁面进行修整，对梁底与牛腿面间的空隙进行填实等处理。而后用水准仪检测梁面标高（一般每 3m 测一点），其与设计标高的偏差不应大于 $\pm5\text{mm}$。

（3）安装好吊车梁后，在安装吊车轨前还要对吊车梁中心线进行一次检测，检测时通常用平行线法。如图 6-41 所示，在离轨道中心线 A_1A' 间距为 1m 处，测设一条平行 aa'、为了便于观测，在平行线上每隔一定距离再设置几个观测点。将经纬仪置于平行线上，后视端点 a 或 a' 后向上投点，使一人在吊车梁上横置一木尺对点。当望镜十字丝中心对准木尺上的 1m 读数时，尺的零点处即为轨道中心。用这样

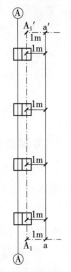

图 6-41　量出设计
标高线

的方法,在梁面上重新定出轨道中心线供安装轨道用。

3. 轨道安装测量

(1)吊车梁中心线检测无误后,即可沿中心线安放轨道垫板。垫板的高度应该根据轨道安装后的标高偏差不大于±2mm 来确定。

(2)轨道应按照检测后的中心线安装,在固定前,应进行轨道中心线、跨距和轨顶标高检测。

轨道中心线的检测方法与梁中心线检测方法相同,其允许偏差为±2mm。

跨距检测方法是在两条轨道的对称点上,直接用钢尺精确丈量,检测的位置应在轨道的两端点和中间点,但最大间隔不得大于 15m。实量与设计值的偏差不得超过±3～±5mm。

轨顶标高(安装好后的)根据柱面上已定出的标高线,用水准仪进行检测。检测位置应在轨道接头处及中间每隔 5m 左右处。轨顶标高的偏差值不应大于±2mm。

五、屋架安装测量

屋架安装是以安装后的柱子为依据。在屋架安装前,先要根据柱面上的±0标高线找平柱顶。屋架吊装定位时,应使屋架中心线与柱子上相应的中心线对齐。

屋架吊装就位后,应用经纬仪(安置在屋架轴线方向上)投点的方法将屋架调整至竖直位置。在固定屋架的过程中,一直要用经纬仪对屋架的竖直度进行监测。

第九节　高层建筑施工测量

一、基本要求

1. 高层建筑施工测量的特点

由于建筑层数多、高度高,结构竖向偏差直接影响工程受力情况,故施工测量中要求竖向投测精度高,所用仪器和测法要适应结构类型、施工方法和场地条件。

由于建筑结构复杂(尤其是钢结构)、设备和装修标准较高,以及高速电梯的安装等,要求测量精度至毫米。

由于建筑平面、立面造型既新颖且复杂多变,故要求测量放线方法能因地、因时制宜,灵活适应,并需配备功能相适应的专用仪器和采取必要的安全措施。

由于建筑工程量大,多为分期施工,且工期长,为保证工程的整体性和各局部施工的精度要求,在开工前要测设足够精度的场地平面控制网和标高控制网。又由于有大面积或整个场地的地下工程,施工现场布置变化大,故要求采取妥善措施,使主要控制网点在整个施工期间能准确、牢固地保留至工程竣工,并能移交给建设单位继续使用,这项工作是保证整个施工测量顺利进行的基础,也是当前施工测量中难度最大的工作。

由于天气的变化、建筑材料的性质、不同施工工艺的影响、荷载的增加与变化等原因,都会使建(构)筑物在施工过程中产生变形。为了保证在分部和总体竣工验收时达到规范要求,在施工测量中,就必须根据有关的规律预估和预留变形量。如测设标高时,应预留结构下沉量;校测钢柱铅直度时,应根据焊接次序预留构件焊接后的收缩量;在控制高耸建(构)筑物铅直度时,应考虑日照变形的影响;在较大体积混凝土施工中,应考虑混凝土的整体收缩量对测量的影响等等。

由于高层建筑均有较深的基础,且其自身荷载巨大。为了确保安全施工和检验工程质量,在施工期间与竣工后一段时间内,均要进行多方面的施工环境的变形监测和建筑物本身的变形监测,作为正确指导施工与运营管理的依据。

由于采取立体交叉作业,施工项目多,为保证工序间的相互配合、衔接,施工测量工作要与设计、施工等各方面密切配合,并要事先充分做好准备工作,制定切实可行的与施工同步的测量放线方案。测量放线人员要严格遵守施工放线的工作准则。

为了确保工程质量,防止因测量放线的差错造成事故,必须在整个施工的各个阶段和各主要部位做好验线工作,并要在审查测量放线方案和指导、检查测量放线工作等方面下工夫,做到防患于未然的质量预控,改变只是事后验线的被动工作方式。

2. 高层建筑施工测量人员应具备的基本能力

施工测量工作是施工中先导性工序,是使工程施工符合设计要求的重要手段之一,在高层建筑施工中尤显重要。为此测量放线人员应具备以下基本能力:

(1)看懂设计图纸,结合测量放线工作能核查图纸中的问题,并能绘制放线中所需的大样图或现场平面图。

(2)了解并掌握不同工程类型、不同施工方法对测量放线的不同要求。

(3)了解仪器的构造和原理,并能熟练地使用、检校、维修仪器。

(4)能够对各种几何形状、数据和点位进行计算与校核,并较熟练地掌握电子计算器和计算机的操作。

(5)熟悉误差理论,能针对误差产生的原因采取有效措施,并能对各种观测数据进行科学处理。

（6）熟悉工程测量理论，能针对不同的工程制定切实可行的测量方案，并能采用不同的观测方法和校测方法，高精度高速度地施测。

（7）能够针对施工现场的不同情况，综合分析和处理有关施工测量中的相关问题。

二、高层建筑施工测量步骤

1. 施工控制网的布设

高层建筑必须建立施工控制网。其平面控制一般采用建筑方格控制网形式。建立建筑方格网，必须从整个施工过程考虑，打桩、挖土、浇筑基础垫层及其他施工工序中的轴线测设等，要均能应用所布设的施工控制网。由于打桩、挖土对施工控制网的影响较大，除了经常进行控制网点的复测校核之外，最好随着施工的进行，将控制网延伸到施工影响区之外。而且，必须及时地伴随着施工将控制轴线投测到相应的建筑面层上，这样便可根据投测的控制轴线，进行柱列轴线等细部放样，以备绑扎钢筋、立模板和浇筑混凝土之用。施工控制网的坐标轴应严格平行于建筑物的主轴线或道路的中心线。施工方格网的布设必须与建筑总平面图相配合，以便在施工过程中能够保存最多数量的方格控制点。

建筑方格网的实施，首先在建筑总平面图上设计，然后依据高等级控制点用极坐标法或是直角坐标法测设在实地，最后，进行校核调整，保证精度在允许的限差范围之内。

在高层建筑施工中，高程测设在整个施工测量工作中所占比例很大，同时也是施工测量中的重要部分。正确而周密地在施工场地上布置水准高程控制点，能在很大程度上使立面布置、管道敷设和建筑物施工得以顺利进行，建筑施工场地上的高程控制必须以精确的起算数据来保证施工的质量要求。

高层建筑施工场地上的高程控制点，必须联测到国家水准点上或城市水准点上。高层建筑物的外部水准点高程系统应与城市水准点的高程系统统一。

一般高层建筑施工场地上的高程控制网用三、四等水准测量方法进行施测，且应把建筑方格网的方格点纳入到高程系统中，以保证高程控制点密度，满足工程建设高程测设工作所需。

2. 高层建（构）筑物主要轴线的走位和放线

在软土地基场区上的高层建筑其基础常用桩基，桩基分为预制桩和灌注桩两种。其特点是：基坑较深，且位于市区，施工场地不宽敞；建筑物的定位大都是根据建筑施工方格网或建筑红线进行。由于高层建筑的上部荷载主要由桩承受,所以对桩位的定位精度要求较高,一般规定,根据建筑物主轴线测设桩基和板桩轴线位置的允许偏差为 20mm,对于单排桩则为 10mm。沿轴线测设桩位时,纵向(沿轴线方向)偏差不宜大于 3cm,横向偏差不宜大于 2cm。位于群桩外周边上的桩,测设偏差不得大于桩径或桩边长(方形桩)的 1/10。桩群中间的桩则不得大于桩径或边长的 1/5。为此在定桩位时必须依据建筑施工控制网,实地定出控制轴线,再按设计的桩位图中所示尺寸逐一定出桩位,实地控制轴线测设好后,务必进行校核,检查无误后,方可进行桩位的测设工作。

建筑施工控制网一般都确定一条或两条主轴线。因此,在建筑物放样时,按照建筑物柱列线或轮廓线与主控制轴线的关系,依据场地上的控制轴线逐一定出建筑物的轮廓线。现今大都使用全站仪采用极坐标法进行建筑物的定位。具体做法是:通过图纸将设计要素如轮廓坐标、曲线半径、圆心坐标及施工控制网点的坐标等识读清楚,并计算各自的方向角及边长,然后在控制点上安置全站仪(或经纬仪)建立测站,按极坐标法完成各点的实地测设。将所有建筑物轮廓点定出后,再行检查是否满足设计要求。

总之,根据施工场地的具体条件和建筑物几何图形的繁简情况,可以选择最合适的测设方法完成高层建筑物的轴线定位。

轴线定位之后,即可依据轴线测设各桩位(或柱列线上的桩位)。桩的排列随着建筑物形状和基础结构的不同而异。最简单的排列是格网形状,此时只要根据轴线,精确地测设出格网的四个角点,进行加密即可测设出其他各桩位。有的基础则是由若干个承台和基础梁连接而成。承台下面是群桩;基础梁下面有的是单排桩,有的是双排桩。承台下的群桩的排列,有时也会不同。测设时一般是按照"先整体、后局部,先外廓、后内部"的顺序进行。测设时通常根据轴线,用直角坐标法测设不在轴线上的桩位点。

测设出的桩位均用小木桩标示其位置,且应在木桩上用中心钉标出桩的中心位置,以供校核。其校核方法一般是:根据轴线,重新在桩顶上测设出桩的设计位置,并用油漆标明,然后量出桩中心与设计位置的纵、横向两个偏差分量 δ_x、δ_y,若其偏差值在允许范围内,即可进行下一工序的施工。

桩的平面位置测设好后,即可进行桩的灌注施工,此时需进行桩的灌入深度的测设。一般是根据施工场地上已测设的 ±0.000 标高,测定桩位的地面标高,通过桩顶设计标高及设计桩长,计算出各桩应灌入的深度,进行测设。同时可用经纬仪控制桩的铅直度。

3. 高层建筑物的轴线投测

当完成建筑物的基础工程后,为保证在后期各层的施工中其相应轴线能位于同一竖直面内,应进行建筑物各轴线的投测工作在进行轴线投测之前,为保证测设精度,首先必须向基础平面引测各轴线控制点。因为,在采用流水作业法施工中,当第一层柱子施工好后,马上开始围护墙的砌筑,这样原有建立的轴线控制标桩与基础之间的通视很快即被阻断,因而,为了轴线投测的需要,必须在基础面上直接标定出各轴线标志。

当施工场地比较宽阔时,可采用经纬仪引桩投测法(又称外控法)进行轴线的投测。用此方法分别在建筑物纵轴、横轴线控制桩(或轴线引桩)上安置经纬仪(或全站仪),就可将建筑物的主轴线点投测到同一层楼面上,各轴线投测点的连线就是该层楼面上的主轴线,据此再依据该楼层的平面图中的尺寸测设出层面上的其他轴线。最后,进行检测,保证投测精度在限差内。

当在建筑物密集的建筑区,施工场地狭小,无法在建筑物以外的轴线上安置仪器时,多采用内控法。施测时必须先在建筑物基础面上测设室内轴线控制点,然后用垂准线原理将各轴线点向建筑物上部各层进行投测,作为各层轴线测设的依据。

首先,在基础平面上利用地面上测设的建筑物轴线控制桩测设主轴线,然后选择适当位置测设出与建筑物主轴线平行的辅助轴线,并建立室内辅助轴线的控制点。室内轴线控制点的布置视建筑物的平面形状而定,对一般平面形状不复杂的建筑物,可布设成"L"形或矩形。内控点应设在角点的柱子附近,各控点连线与柱子设计轴线平行,间距约为 0.5~0.8m,且应选择在能保持垂直通视(不受梁等构件的影响)和水平通视(不受柱子等影响)的位置。内控点的测设,应在基础工程完成后进行,先根据建筑物施工控制网点,校测建筑物轴线控制桩的桩位,看其是否移位变动,若无变化,依据轴线控制桩点,将轴线内控点测设到基础平面上,并埋设标志,一般是预埋一块小铁皮,上面划以十字丝,交点上冲一小孔,作为轴线投测的依据。为了将基础层上的轴线点投测到各层楼面上,在内控点的垂直方向上的各层楼面预留约 300mm×300mm 的传递孔(也叫垂准孔),并在孔周围用砂浆做成 20mm 高的防水斜坡,以防投点时施工用水通过此孔流落到下方的仪器上。为保证投测精度,一般用专用的施工测量仪器激光铅垂仪进行投测。

如图 6-42 所示,投测时,安置激光铅垂仪于测站点(底层轴线内控点上),进行对中、整平,在对中时,打开对点激光开关,使激光束聚焦在测站基准点上,然后调整三脚架的高度,使圆水准气泡居中,以完成仪器对中操作,再利用脚螺旋调置水准管,使其在任何方向都居中,以完成仪器的整平,最终进行检查以确认仪器严格对中、整平,此时可将对点激光器关闭;同时在上层传递孔处放置网格激光靶,对其照准,打开垂准激光开关,会有一束激光从望远镜物镜中射出,并聚焦在靶上,激光光斑中心处的读数即为投测的观测值。这样即将基础底层内控点的位置投测到上层楼面,然后依据内控点与轴线点的间距,在楼层面上测设出轴线点,并将各轴线点依次相连即为建筑物主轴线,再根据主轴线在楼面上测设其他轴线,完成轴线的传递工作。按同样的方法逐层上传,但应注意,轴线投测时,要控制并检校轴线向上投测的竖直偏差值在本层内不得超过5mm,整栋楼的累积偏差不超过±20mm。同时还应用钢尺精确丈量投测的轴线点之间的距离,并与设计的轴线间距相比较,其相对误

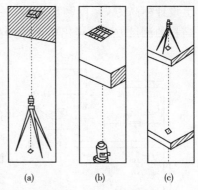

图 6-42　内控法轴线投测

差对高层建筑而言不得低于 1/10000。否则,必须重新投测,直至达到精度要求为止。图 6-42(a)、(b)为向上投点,图 6-42(c)为向下投点。

4. 高层建筑物的高程传递

高层建筑施工中,要由下层楼面向上层传递高程,以使上层楼板、门窗、室内装修等工程的标高符合设计要求。楼面标高误差不得超过±10mm。传递高程的方法有以下几种。

(1)利用皮数杆传递高程。在皮数杆上自±0.000 标高线起,门窗、楼板、过梁等构件的标高都已标明。一层楼砌筑好后,则可从一层皮数杆起一层一层往上接,就可以把标高传递到各楼层。在接杆时要注意检查下层杆位置是否正确。

(2)利用钢尺直接丈量。在标高精度要求较高时,可用钢尺沿某一墙角自±0.000标高处起直接丈量,把高程传递上去。然后根据下面传递上来的高程立皮杆数,作为该层墙身砌筑和安装门窗、过梁及室内装修、地坪抹灰时控制标高的依据。

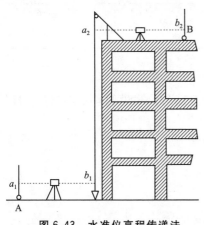

图 6-43　水准仪高程传递法

(3)悬吊钢尺法(水准仪高程传递法)。根据高层建筑物的具体情况也可用水准仪高程传递法进行高程传递,不过此时需用钢尺代替水准尺作为数据读取的工具,从下向上传递高程。如图 6-43 所示,由地面已知高程点 A,向建筑物楼面传递高程,先从楼面上(或楼梯间)悬挂一支钢尺,钢尺下端悬一重锤。观测时,为了使钢尺稳定,可将重锤浸于一盛满油的容器中。然后在地面及楼面上各安置一台水准仪,按水准测量方法同时读取 a_1、b_1 及 a_2 读数,则可计算出楼面

上设计标高为 H_b 的测设数据 $b_2 = H_A + a_1 - b_1 + a_2 - H_b$,据此可采用测设已知高程的测设方法放样出楼面的标高位置。

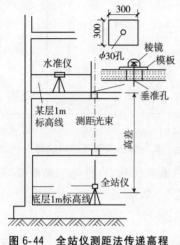

图 6-44　全站仪测距法传递高程

如图 6-44 所示,利用高层建筑中的传递孔(或电梯井等),在底层高程控制点上安置全站仪,置平望远镜(显示屏上显示垂直角为 0°或天顶距为 90°),然后将望远镜指向天顶方向(天顶距为 0°或垂直角为 90°),在需要传递高程的层面传递孔上安置反射棱镜,即可测得仪器横层面间的高差,即可计算出测量层面的标高,最后与该层楼面的设计标高相比较,进行调整即可。轴至棱镜横轴的垂直距离,加仪器高,减棱镜常数(棱镜面至棱镜横轴的间距),就可以算得两层面间的高差,据此即计算出测量层面的标高,最后与该层楼面设计标高相比较,进行调整即可。

三、高层建筑标高精确要求

1. 施工允许偏差

各种钢筋混凝土结构施工中的标高允许偏差(测量工作称为允许偏差),见表 6-3。

表 6-3　钢筋混凝土结构施工中的标高允许偏差值

结构类型　　标高偏差	现浇框架 框架－剪力墙	发配式框架 框架－剪力墙	大模板施工 混凝土墙体	滑模 施工
每层/mm	±10	±5	±10	±10
全高/mm	±30	±30	±30	±30

2. 测量允许偏差

层间标高测量偏差不应超过 ±3mm,建筑全高(H)测量偏差不应超过 $3H/10000$,且不应大于

30m < H ≤ 60m	±10mm
60m < H ≤ 90m	±15mm
90m < H ≤ 120m	±20mm
120m < H ≤ 150m	±25mm
150m < H	±30mm

第十节　建筑物的变形观测

一、概述

1. 建筑物产生变形的原因

建筑物变形主要由两个方面的原因产生,一是自然条件及其变化,即建筑物地基的工程地质、水文地质等;另一种是与建筑物本身相联系的原因,即建筑物本身荷重、建筑物的结构、形式及动荷载的作用。

2. 变形观测主要内容及任务

变形观测的主要内容是建筑物的沉降观测、水平位移测量、倾斜观测和裂缝观测。

变形观测的任务是周期性地对观测点进行重复观测,求得其在两个观测周期间的变化量。

3. 变形测量的特点

(1)精度要求高。为了能准确地反映出建(构)筑物的变形情况,一般规定测量的误差应小于变形量的 $1/10 \sim 1/20$。为此,变形观测中应使用精密水准仪(S_1、S_{05})、精密经纬仪(J_2、J_1)和精密的测量方法。

(2)观测时间性强。各项变形观测的首次观测时间必须按时进行,否则得不到原始数据,而使整个观测失去意义。其他各阶段的复测,也必须根据工程进展定时进行,不得漏测或补测,这样才能得到准确的变形量及其变化情况。

(3)观测成果要可靠、资料要完整。这是进行变形分析的基础,否则得不到符合实际的结果。

4. 变形观测的基本措施

为了保证变形观测成果的精度,除按规定时间进行观测外,在观测中应采取"一稳定、四固定"的基本措施。

(1)一稳定。一稳定是指变形观测依据的基准点、工作基点和被观测物上的变形观测点,其点位要稳定。基准点是变形观测的基本依据,每项工程至少要 3 个稳固可靠的基准点,并每半年复测一次;工作基点是观测中直接使用的依据点,要选在距观测点较近但比较稳定的地方。对通视条件较好或观测项目较少的高层建筑,可不设工作基点,而直接依据基准点观测。变形观测点应设在被观测物上最能反映变形特征、且便于观测的位置。

(2)四固定。四固定是指所用仪器、设备要固定;观测人员要固定;观测的条件、环境基本相同;观测的路线、镜位、程序和方法要固定。

5. 建筑物变形测量的精度等级

建筑物变形测量的精度等级如表 6-4 所示。

表 6-4　建筑物变形测量的精度等级

等级	沉降观测	位移观测	适用范围
	观测点测站高差中误差 mg/mm	观测点坐标中误差 M/mm	
特级	≤0.05	≤0.3	特高精度要求的特种精密工程和重要科研项目变形观测
一级	≤0.15	≤1.0	高精度要求的大型建筑物和科研项目变形观测
二级	≤0.50	≤3.0	中等精度要求的建筑物和科研项目变形观测;重要建筑物主体倾斜观测、场地滑坡观测
三级	≤1.50	≤10.0	低精度要求的建筑物变形观测;一般建筑物主体倾斜观测、场地滑坡观测

二、沉降观测

在建筑物施工过程中,随着上部结构的逐步建成、地基荷载的逐步增加,建筑物会产生下沉现象。建筑物的下沉是逐渐产生的,并将延续到竣工交付使用后的相当长一段时期。因此建筑物的沉降观测应按照沉降产生的规律进行。沉降观测在高程控制网的基础上进行。

在建筑物周围一定距离、基础稳固、便于观测的地方,布设一些专用水准点,在建筑物上能反映沉降情况的位置设置一些沉降观测点,根据上部荷载的加载情况,每隔一定时期观测水准点与沉降观测点之间的高差一次,据此计算与分析建筑物的沉降规律。

1. 专用水准点的设置

专用水准点分水准基点和工作基点。

每一个测区的水准基点不应少于 3 个,对于小测区,当确认点位稳定可靠时可少于 3 个,但连同工作基点不得少于 2 个。水准基点的标石,应埋设在基岩层或原状土层中。在建筑区内,点位与邻近建筑物的距离应大于建筑物基础最大宽度的 2 倍,其标石埋深应大于邻近建筑物基础的深度。在建筑物内部的点位,其标石埋深应大于地基土压层的深度。水准基点的标石,可根据点位所在处的不同地质条件选埋基岩水准基点标石[图 6-45(a)]、深埋钢管水准基点标石[图 6-45(b)]、深埋双金属管水准基点标石[图 6-45(c)]、混凝土基点水准标石[图 6-45(d)]。

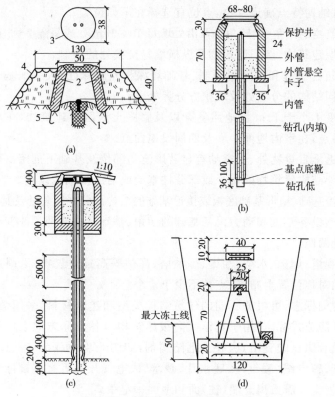

图 6-45 水准基点标石(单位:cm)

(a)基岩水准基点标石;(b)深埋钢管水准基点标石;

(c)深埋双金属管水准基点标石;(d)混凝土基点水准标石

1-抗蚀的金属标志;2-钢筋混凝土井圈;3-井盖;4-砌石土丘;5-井圈保护层

工作基点与联系点布设的位置应视构网需要确定。工作基点位置与邻近建筑物的距离不得小于建筑物基础深度的 1.5～2.0 倍。工作基点与联系点也可设置在稳定的永久性建筑物墙体或基础上。工作基点的标石,可按点位的不同要求选用浅埋钢管水准标石(图 6-46)、混凝土普通水准标石或墙角、墙上水准标志等。

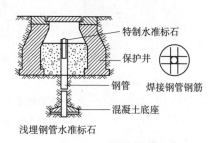

图 6-46 工作基点标石

水准标石埋设后,应达到稳定后方可开始观测。稳定期根据观测要求与测区的地质条件确定,一般不宜少于 15 天。

2. 观测点的设置

在建筑物上布设一些能全面反映建筑物地基变形特征的点位,并结合地质情况及建筑结构特点确定点位,点位宜选择在下列位置。

(1)建筑物的四角、大转角处及沿外墙每10～15m处或每隔2～3根柱基上。

(2)高层建筑物、新旧建筑物及纵横墙等交接处的两侧。

(3)建筑物裂缝和沉降缝两侧、基础埋深相差悬殊处、人工地基与天然地基接壤处、不同结构的分界处及填挖方分界处。

(4)宽度不小于15m且地质复杂以及膨胀土地区的建筑物,在承重内隔墙中部设内墙点,在室内地面中心及四周设地面点。

(5)邻近堆置重物处、受震动有显著影响的部位及基础下的暗浜(沟)处。

(6)框架结构建筑物的每个或部分柱基上或沿纵横轴线设点。

(7)片筏基础、箱形基础底板或接近基础的结构部分之四角处及其中部位置。

(8)重型设备基础和动力设备基础的四角、基础形式或埋深改变处以及地质条件变化处两侧。

(9)电视塔、烟囱、水塔、油罐、炼油塔、高炉等高耸建筑物,沿周边在与基础轴线相交的对称位置上布点,点数不少于4个。

沉降观测标志,可根据不同的建筑结构类型和建筑材料,采用墙(柱)标志、基础标志和隐蔽式标志(用于宾馆等高级建筑物),各类标志的立尺部位应加工成半球形或有明显的突出点,并涂上防腐剂,如图6-47所示。标志埋设位置应避开雨水管、窗台线、暖气片、暖水片、暖水管、电气开关等有碍设标与观测的障碍物,并应视立尺需要离开墙(柱)面和地面一定距离。

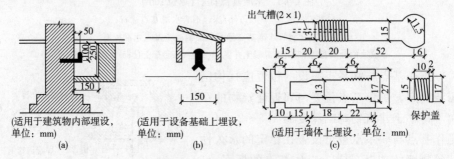

图6-47 沉降观测点标志

(a)窨井式标志;(b)盒式标志;(c)螺栓式标志

3. 高差观测

高差观测宜采用水准测量方法,要求如下:

(1)水准网的布设

对于建筑物较少的测区,宜将水准点连同观测点按单一层次布设;对于建筑物较多且分散的大测区,宜按两个层次布网,即由水准点组成高程控制网、观测点与所联测的水准点组成扩展网。高程控制网应布设为闭合环、结点网或附合高程路线。

（2）水准测量的等级划分

水准测量划分为特级、一级、二级和三级。各级水准测量的观测限差列于表6-5，视线长度、前后视距差、视线高度应符合表6-6的规定。

表6-5　水准观测限差

等级		基辅分划（黑红面）读数之差	基辅分划（黑红面）所测高差之差	往返较差及附合或环线闭合差	单程双测站所测高差较差	检测已测测段高差之差
特级		0.15	0.2	$\leqslant 0.1\sqrt{n}$	$\leqslant 0.07\sqrt{n}$	$\leqslant 0.15\sqrt{n}$
一级		0.3	0.5	$\leqslant 0.3\sqrt{n}$	$\leqslant 0.2\sqrt{n}$	$\leqslant 0.45\sqrt{n}$
二级		0.5	0.7	$\leqslant 1.0\sqrt{n}$	$\leqslant 0.7\sqrt{n}$	$\leqslant 1.5\sqrt{n}$
三级	光学测微器法	1.0	1.5	$\leqslant 3.0\sqrt{n}$	$\leqslant 2.0\sqrt{n}$	$\leqslant 4.5\sqrt{n}$
	中丝读数法	2.0	3.0			

表6-6　水准观测的视线长度、前后视距差、视线高度(m)

等级	视线长度	前后视距差	前后视距累积差	视线高度	观测仪器
特级	$\leqslant 10$	$\leqslant 0.3$	$\leqslant 0.5$	$\geqslant 0.5$	DSZ05 或 DS05
一级	$\leqslant 30$	$\leqslant 0.7$	$\leqslant 1.0$	$\geqslant 0.3$	
二级	$\leqslant 50$	$\leqslant 2.0$	$\leqslant 3.0$	$\geqslant 0.2$	DS1 或 DS05
三级	$\leqslant 75$	$\leqslant 5.0$	$\leqslant 8.0$	三丝值读数	DS3 或 DS1、DS05

（3）水准测量精度等级的选择

水准测量的精度等级是根据建筑物最终沉降量的观测中的误差来确定的。

建筑物的沉降量分绝对沉降量\和相对沉降量Δs。绝对沉降的观测中误差饥8，按低、中、高压缩性地基土的类别，分别选± 0.5mm、± 1.0mm、± 2.5mm；相对沉降（如沉降差、基础倾斜、局部倾斜等）、局部地基沉降（如基础回弹、地基土分层沉降等）以及膨胀土地基变形等的观测中误差均不应超过其变形允许值的1/20，建筑物整体变形（如工程设施的整体垂直挠曲等）的观测中误差，不应超过其允许垂直偏差的1/10，结构段变形（如平置构件挠度等）的观测中误差，不应超过其变形允许值的1/6。

（4）沉降观测的成果处理

沉降观测成果处理的内容是：对水准网进行严密平差计算，求出观测点每期观测高程的平差值，计算相邻两次观测之间的沉降量和累积沉降量，分析沉降量与增加荷载的关系。表6-7列出了某建筑物上6个观测点的沉降观测结果，图6-48是根据表6-7的数据绘出的各观测点的沉降、荷重与时间关系曲线图。

表6-7 某建筑物6个观测点的沉降观测结果

观测日期 年月日	荷重 (t/m²)	1 高程 (m)	1 本次下沉 (mm)	1 累计下沉 (mm)	2 高程 (m)	2 本次下沉 (mm)	2 累计下沉 (mm)	3 高程 (m)	3 本次下沉 (mm)	3 累计下沉 (mm)	4 高程 (m)	4 本次下沉 (mm)	4 累计下沉 (mm)	5 高程 (m)	5 本次下沉 (mm)	5 累计下沉 (mm)	6 高程 (m)	6 本次下沉 (mm)	6 累计下沉 (mm)
1997.4.20	4.5	50.157	±0	±0	50.154	±0	±0	50.155	±0	±0	50.155	±0	±0	50.156	±0	±0	50.154	±0	±0
5.5	5.5	50.155	−2	−2	50.153	−1	−1	50.153	−2	−2	50.154	−1	−1	50.155	−1	−1	50.152	−2	−2
5.20	7.0	50.152	−3	−5	50.150	−3	−4	51.151	−2	−4	50.153	−1	−2	50.151	−4	−5	50.148	−4	−6
6.5	9.5	50.148	−4	−9	50.148	−2	−6	50.147	−4	−8	50.150	−3	−5	50.148	−3	−8	50.146	−2	−8
6.20	10.5	5.145	−3	−12	50.146	−2	−8	50.143	−4	−12	50.148	−2	−7	50.146	−2	−10	50.144	−2	−10
7.20	10.5	50.143	−2	−14	50.145	−1	−9	50.141	−2	−14	50.147	−1	−8	50.145	−1	−11	50.142	−2	−12
8.20	10.5	50.142	−1	−15	50.144	−1	−10	50.140	−1	−15	50.145	−2	−10	50.144	−1	−12	50.140	−2	−14
9.20	10.5	50.140	−2	−17	50.142	−2	−12	50.138	−2	−17	50.143	−2	−12	50.142	−2	−14	50.130	−1	−15
10.20	10.5	50.139	−1	−18	50.140	−2	−14	50.137	−1	−18	50.142	−1	−13	50.140	−2	−16	50.137	−2	−17
1998.1.20	10.5	50.137	−1	−20	50.139	−1	−15	50.137	±0	−18	50.142	±0	−13	50.139	−1	−17	50.136	−1	−18
4.20	10.5	50.136	−1	−21	50.138	−1	−16	50.136	−1	−19	50.141	−1	−14	50.138	−1	−18	50.136	±0	−18
7.20	10.5	50.135	−1	−22	50.138	±0	−16	50.135	−1	−20	50.140	−1	−15	50.137	−1	−19	50.136	±0	−18
10.20	10.5	50.135	±0	−22	50.138	±0	−16	50.134	−1	−21	50.140	±0	−15	50.136	−1	−20	50.136	±0	−18
1999.1.20	10.5	50.135	±0	−22	50.138	±0	−16	50.134	±0	−21	50.140	±0	−15	50.136	±0	−20	50.136	±0	−18

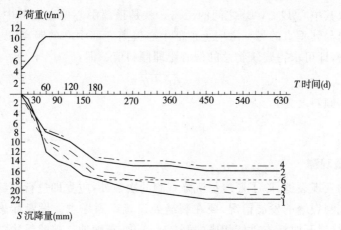

图 6-48 建筑物的沉降、荷重、时间关系曲线图

三、变形观测

1. 倾斜观测

在进行观测之前,首先要在进行倾斜观测的建筑物上设置上、下两点或上、中、下三点标志,作为观测点,各点应位于同一垂直视准面内。如图 6-49 所示,M、N 为观测点。如果建筑物发生倾斜则 MN 将由垂直线变为倾斜线。观测时,经纬仪的位置距离建筑物应大于建筑物的高度,瞄准上部观测点 M,用正倒镜法向下投点得 N′,如 N′ 与 N 点不重合,则说明建筑物发生倾斜,以 a 表示 N′、N 之间的水平距离,a 即为建筑物的倾斜值。若以 H 表示其高度,则倾斜度为:

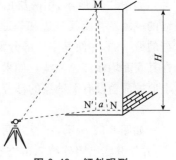

图 6-49 倾斜观测

$$i = \arcsin \frac{a}{H}$$

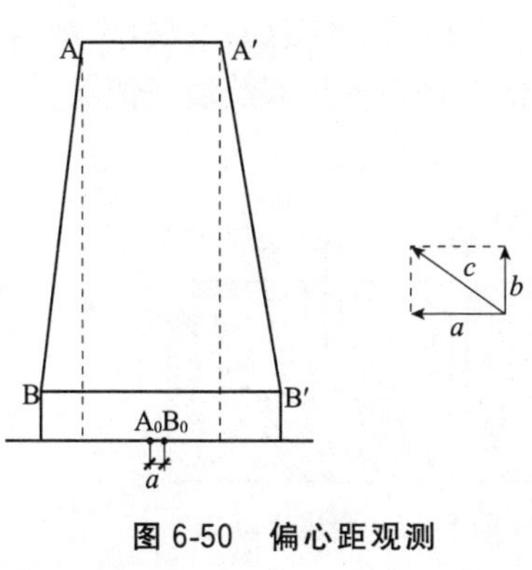

高层建筑物的倾斜观测,必须分别在互成垂直的两个方向上进行。

当测定圆形构筑物(如烟囱、水塔、炼油塔)的倾斜度时(图 6-50),首先要求得顶部中心对底部中心的偏距。为此,可在构筑物底部放一块木板,木板要放平放稳。用经纬仪将顶部边缘两点 A、A′ 投影至木板上而取其中心 A_0,再将底部边缘上的两点 B 与 B′ 也投影至

图 6-50 偏心距观测

木板上而取其中心 B_0，A_0B_0 之间的距离 a 就是顶部中心偏离底部中心的距离。同法可测出与其垂直的另一方向上顶部中心偏离底部中心的距离 b。再用矢量相加的方法，即可求得建筑物总的偏心距即倾斜值。即：

$$c = \sqrt{a^2 + b^2}$$

构筑物倾斜度为：

$$i = \frac{c}{H}$$

2. 裂缝观测

建筑物发现裂缝，除了要增加沉降观测的次数外，应立即进行裂缝变化的观测。为了观测裂缝的发展情况，要在裂缝处设置观测标志。设置标志的基本要求是，当裂缝展开时标志就能相应的开裂或变化，正确地反映建筑物裂缝发展情况。其形式有下列三种：

(1)石膏板标志

用厚 10mm，宽约 50～80mm 长度视裂缝大小而定的石膏板在裂缝两边固定。当裂缝继续发展时，石膏板也随之开裂，从而观察裂缝继续发展的情况。

(2)白铁片标志

如图 6-51 所示，用两块白铁片，一片取 150mm×150mm 的正方形，固定在裂缝的一侧。并使其一边和裂缝的边缘对齐。另一片为 50mm×200mm，固定在裂缝的另一侧，并使其中一部分紧贴相邻的正方形白铁片。当两块白铁片固定好后，在其表面均涂红色油漆。如果裂缝急需发展，两白铁将逐渐拉开，露出正方形白铁上原被覆盖没有图油漆的部分，其宽度即为裂缝加大的宽度，可用尺子量出。

(3)金属棒标志

如图 6-52 所示，在裂缝两边凿孔，将长约 10cm 直径 10mm 以上的钢筋头插入，并使其露出墙外约 2cm 左右，用水泥砂浆填灌牢固。在两钢筋头埋设前，应先把钢筋一端锉平，在上面刻画十字线或中心点，作为量取其间距的依据。待水泥砂浆凝固后，量出两金属棒之间的距离，并记录下来。以后若裂缝急剧发展，则金属棒的间距也就不断增大。定期测量两棒间距进行比较，即可掌握裂缝展开情况。

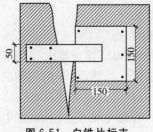

图 6-51 白铁片标志

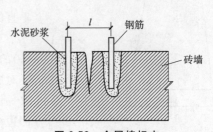

图 6-52 金属棒标志

3. 位移观测

当建筑物在平面上产生位移时,为了进行位移测量,应在其纵横方向上设置观测点。如已知其位移的方向,则只在此方向上进行观测即可。观测点与控制点应位于同一直线上,控制点至少埋设三个,控制点之间的距离及观测点与相邻的控制点间的距离大于 30m,以保证测量精度。如图 6-53 所示,A、B、C 为控制点,M 为观测点。控制点必须埋设牢固稳定的标桩。每次观测前,对使用的控制点进行检查,以防止其变化。建筑物上的观测点标志要牢固、明显。

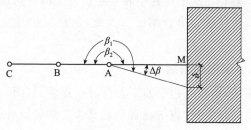

图 6-53　位移观测

位移观测可采用正倒镜投点的方法求出位移值,亦可采用测角的方法。如图 6-53 所示,设第一次在 A 点所测之角度为 β_1,第二次测得之角度为 β_2,两次观测角度的差值 $\Delta\beta=\beta_2-\beta_1$,则建筑物之位移值

$$\delta=\frac{\Delta\beta\times\mathrm{AM}}{\rho}$$

式中:ρ——206265″。

位移测量的容差为±3mm,应进行重复观测评定。

第十一节　竣工总平面图的编绘

一、编绘竣工总平面图的意义及依据

1. 编绘竣工总平面图的意义

竣工总平面图是设计总平面图在施工结束后实际情况的全面反映。工程建筑物都是按照总平面图上的设计位置而进行施工建设的,但是在施工过程中,由于设计时没有考虑到的原因而变更设计位置的情况是经常发生的,另外也可能会由于测量误差(主要指系统误差)的影响,使建筑物的竣工位置与设计位置不完全一致。同时,为了给考查核定工程质量提供依据,为了给建筑物投产后营运中的管理、维修改建、扩建等提供可靠的图纸资料,一般应编绘竣工总平面图。

其目的在于以下几点：

（1）它是对建筑物竣工成果和质量的验收测量；

（2）它将便于日后进行各种设施的维修工作，特别是地下管道等隐蔽工程的检查和维修工作；

（3）为企业的改、扩建提供了原有各建筑物、地上和地下各种管线及测量控制点的坐标、高程等资料。

因此，在工程竣工后应该及时编绘反映建筑物竣工面貌的竣工总平面图。编绘竣工总平面图，需要在施工过程中收集一切有关的资料和必要的实地测量，并对资料加以整理，然后及时进行编绘。为此，从建筑物开始施工起，就应有所考虑和安排。

2. 绘制竣工总平面图的依据

（1）设计总平面图，单位工程平面图和设计变更资料（图）；

（2）建筑物定位测量资料、施工检查测量及竣工测量资料；

（3）有关部门和建设单位的具体要求。

二、编绘竣工总平面图的内容

1. 竣工总平面图的内容

竣工总平面图的内容包括承建工程的地上建筑物和地下构筑物竣工后的平面位置及高程，凡按设计坐标定位施工的工程，应先在竣工总平面图的底图上绘制方格网，把地上的控制点也展绘在图上，并说明所采用的坐标系统及高程系统，若建筑物定位点的实测坐标与设计坐标之差超过规范规定的允许值；应把实测坐标也标注在图上。对于无坐标值的附属部分，应把它与主要建筑物的相对尺寸标注在图上。

凡按与现有建筑物的关系定位施工的工程，应把实测的定位关系数据标注在图上。

对于在施工现场由设计部门或建设单位指定施工位置的工程竣工后应进行现状图测绘，并把主要的实测数据标注在图上。

2. 竣工总平面图的分类

对于建筑范围较大，建筑物较复杂的工程，如将测区所有地上建筑物和地下构筑物都绘在一张总平面图上，这样将会造成图上的内容太多，线条密集，不易辨认。此时，为了图面清晰醒目，便于使用，可根据工程建筑物的密集与复杂程度，按工程性质分类编绘竣工总平面图。比如把地上、地下分类编绘，把房屋与道路分类编绘，把上、下水道与其他管道分类编绘等，最后可以形成分类总平面图。例如综合竣工总平面图、工业管线竣工总平面图、分类管道竣工平面图及厂区铁路和道路竣工总平面图等。

3. 竣工总平面图的附件

为了全面反映竣工成果,与竣工总平面图有关的一系列资料应作为附件提交。这些资料主要有:

(1)建筑场地原始地形图;

(2)设计变更文件及设计变更图;

(3)建筑物定位、放线,检查及竣工测量资料;

(4)建筑物沉降观测与变形观测资料;

(5)各种管线竣工纵断面图等。

三、编绘竣工总平面图的方法

新建的企业竣工总平面图最好是随着工程的陆续竣工相继进行编绘。一面竣工,一面利用竣工测量成果进行编绘。如发现问题,特别是地下管线的问题,就应及时到现场查对,使竣工总平面图能真实地反映实地情况。

竣工总平面图的编绘,一般包括竣工测量和室内展点编绘两方面的内容。

1. 竣工测量

建筑物和构造物竣工验收时进行的测量工作,称为竣工测量。竣工测量可以利用施工期间使用的平面控制点和水准点进行施测。如原有控制点不够使用时,应补测控制点。对于主要建筑物的墙角,地下管线的转折点、窨井中心、道路交叉点、架空管网的转折点、结点及烟囱中心等重要地物点的竣工位置,应根据控制点采用极坐标法或直角坐标法实测其坐标;对于主要建筑物和构筑物的室内地坪、上水道管顶、下水道管底、道路变坡点等,可用水准测量的方法测定其高程;一般地物、地貌则按地形图要求进行测绘。

2. 竣工总平面图的室内编绘

竣工总平面图应包括测量控制点、厂房、辅助设施、生活福利设施、架空与地下管线、道路等建筑物和构筑物的坐标、高程,以及厂区内净空地带和尚未兴建区域的地物、地貌等内容。竣工总平面图的室内编绘方法如下:

(1)首先在图纸上绘制坐标方格网,图纸上方格网的方格一般为 10cm× 10cm。一般使用两脚规和比例尺来绘制,其精度要求与地形测图的坐标格网相同,图廓对角线的允许误差为±1mm。

(2)展绘控制点。坐标方格网画好后,标定出纵横各方格网点的坐标值,将施工控制点按坐标值展绘在图上。图上展点对邻近的方格点而言,其允许误差为±0.3mm。

(3)展绘设计总平面图。根据坐标方格网,将设计总平面图的图面内容按其设计坐标,用铅笔展绘于图纸上,作为底图。实际上就是一幅重新绘制的设计总平面图。

(4)展绘竣工总平面图

1)根据设计资料展绘。凡按设计坐标定位施工的工程,应以测量定位资料为依据,按设计坐标(或相对尺寸)和标高展绘。建筑物和构筑物的拐角、起止点、转折点应根据坐标数据展点成图,对建筑物和构筑物的附属部分,如无设计坐标,就可用相对尺寸绘制。若原设计变更,则应根据设计变更资料编绘。

2)根据竣工测量资料或施工检查测量资料展绘。在工业与民用建筑施工中,在每一个单位工程完成后,应该进行竣工测量,并提出该工程的竣工测量成果。对凡有竣工测量资料的工程,若竣工测量成果与设计值之比差不超过所规定的定位容许误差时,按设计值编绘,否则,应按竣工测量资料编绘。

根据上述资料编绘成图时,对于厂房应使用黑色墨线绘出该工程的竣工位置,并应在图上注明工程名称、坐标和高程及有关说明。对于各种地上、地下管线,应用各种不同颜色的墨线绘出其中心位置,注明转折点及井位的坐标、高程及有关说明。在一般没有设计变更的情况下,墨线的竣工位置与按设计原图用铅笔绘的设计位置应重合,但其坐标及高程数据与设计值比较可能稍有出入。随着施工的进展,逐渐在底图上将铅笔线都绘成墨线。

3)现场实测。对于直接在现场指定位置进行施工的工程,以固定物定位施工的工程,多次变更设计而无法查对的工程,竣工现场的竖向布置、围墙和绿化情况,施工后尚保留的大型临时设施以及竣工后的地貌情况,都应根据施工控制网进行实测,加以补充。外业实测时,必须在现场绘出草图,最后根据实测成果和草图,在室内进行补充展绘,便成为完整的竣工总平面图。

对于需要分类编绘的大型工程和较复杂的工程,可以根据实际情况,按照实际需要分类编绘,例如综合竣工总平面图、工业管线竣工总平面图、分类管道竣工平面图及厂区铁路、道路竣工总平面图等。

第七章 市政工程施工测量

第一节 准 备 工 作

1. 市政工程施工测量的是本任务与主要内容

市政工程施工测量的基本任务是依据施工设计图纸,遵循测量工作程序和方法,为施工提供可靠的施工标志。其主要工作是确定路、桥、管线以及构筑物等的"三维"空间位置,即平面位置(y,x)和高程(H),作为施工的依据。

以道路工程与管线工程为例,施工测量的主要工作内容如下:

(1)校测和加密施工控制桩,如校核导线点或测设控制桩,校测水准点向现场引测施工水准点,并做好桩点的保护工作;

(2)根据控制桩恢复或测设道路与管线的中线;

(3)按照"精度符合要求,方便施工"的原则为施工提供控制中线、边线与高程的各种标志,作为施工的依据;

(4)记录施工测量成果,为竣工图积累资料。

2. 市政工程施工测量前的准备工作

(1)建立满足施工需要的测量管理体系,做到人员落实且分工明确,并建立科学、可行的放线和验线制度;

(2)配备与工程规模相适应的测量仪器,并按规定进行检定、检校;

(3)了解设计意图、学习和校核设计图纸,核对有关的测设数据及相互关系;

(4)察看施工现场,了解地下构筑物情况;

(5)编制施工测量方案,明确测量精度,测量顺序以及配合施工、服务施工的具体测量工作要求;

(6)以满足施工测量为前提,建立平面与高程控制体系,对于已建立导线系统的道路工程与管线工程,要在接桩后进行复测并提交复测结果;

(7)对于开工前现场现状地面高程要进行实测,与设计给定的高程有出入的地方要经业主代表和监理工程师确认。

3. 学习与校核设计图纸时重点注意的问题

(1)校核总图与工程细部图纸的尺寸、位置的对应关系是否相符,有无矛盾的地方。如:路线图与桥梁图纸之间的位置关系,平面图与纵、横断面图的关系,厂站总平面图与具体构筑物的关系等。

(2)校核同一类设计图纸中给定的条件是否充分,数据是否准确,文字和图面表述是否清楚等。如:线路的桩号是否连续;定线的条件是否已无矛盾;各相关工程的相互位置关系是否正确;总尺寸与分尺寸是否相符;各层次的尺寸与高程的标识是否一致等。

(3)校核地下勘探资料与图纸上的表述与施工现场是否相符,特别是原有地下管线与设计管线之间的关系是否明确。

4. 施工前对施工部位现状地面高程的复测及土方量的复算

施工前对现状地面高程进行复测是获得合同外工程签证(即索赔)的依据,也是市政工程计量支付中甲乙双方十分关注的热点之一。对此,施工单位、监理单位要以足够的人力和精力认真施测,且做到施工方、监理和业主三方共同签认测量结果。

测量土方量多采用横断面法和方格网平整场地方法。横断面法测量土方量是计算平均横断面面积乘以间距得到。对于面积大的场地,采用方格网法。

5. 市政工程施工测量方案应包括的主要内容

市政工程施工测量方案是指导施工测量的指导性文件,在正式施测前要进行施工测量方案的编制,且做到针对性强、预控性强、措施具体可行。工程测量技术方案一般应包括下列内容:

(1)工程的概况;

(2)质量目标,测量误差分析和控制精度设计;

(3)工程的平面控制网与高程控制网设计;

(4)测量作业的程序和细部放线的工作方法;

(5)为配合特殊工程的施工测量工作所采取的相应措施;

(6)工程进行所需与工程测量有关的各种表格的表样及填写的相应要求;

(7)符合控制精度要求的仪器、设备的配置。

第二节　道路工程的施工测量

一、恢复中线测量及其恢复方法

1. 恢复中线测量

道路设计阶段所测设的中线里程桩、JD桩到开工前,一般均有不同程度的碰动或丢失。施工单位要根据定线条件,对丢失桩予以补测,对曾碰动的桩予以校正。这种对道路中线里程桩、JD桩补测和校正的作业叫恢复中线测量。

2. 恢复中线测量的方法

(1)城市道路工程恢复中线的测量方法一般采用两种。

1)图解法。在设计图上量取中线与邻近地物相对关系的图解数据,在实地直接依据这些图解数据来校测和补测中线桩,此法精度较低。

2)解析法。以设计给定的坐标数据或设计给定的某些定线条件作为依据,通过计算测设所需数据并测设,将中线桩校测和补测完毕,此法精度较高,目前多使用此法。

(2)中线调直。根据上述测法,一般一条中线上至少要定出三个中线点,由于不可避免的误差,三个中线点不可能正在一条直线上,而是一个折线。按要求将所定出的三个中线点调整成一条直线。

(3)精度要求。测设时应以附近控制点为准,并用相邻控制点进行校核,控制点与测设点间距不宜大于100m,用光电测距仪时,可放大至200m。道路中线位置的偏差应控制在每100m不应大于5mm。道路工程施工中线桩的间距,直线宜为10~20m,曲线为10m,遇有特殊要求时,应适当加密,包括中线的起(终)点、折点、交点、平(纵)曲线的起终点及中点、整百米桩、施工分界点等。

(4)圆曲线和缓和曲线的测设,详见本节第五条的相关要求。

二、纵、横断面测量

1. 纵断面测量

纵断面测量也叫路线水准测量,其主要任务是根据沿线设置的水准点测定路中线上各里程桩和加桩处的地面高程。然后根据测得的高程和相应的里程桩号绘制成纵断面图。纵横断面图是计算填挖土石方量的重要依据。

纵断面测量是依据沿线设置的水准点用附合测法,测出中线上各里程桩和加桩处的地面高程。施测中为减少仪器下沉的影响,在各测站上应先测完转点前视,再测各中间点的前视,转点上的读数要小数三位,而中间点读数一般只读二位即可。图7-1是一段纵断面实测示意图,表7-1表示了它的记录及计算。

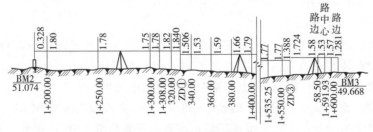

图 7-1　纵断面测量

表 7-1　纵断面测量记录

后视读数 a	视线高 H_i	前视读数 b		测点（桩号）	高程 H	备注
		转点	中间点			
0.328	51.402			BM2	51.074	已知高程
			1.80	1+200.00	49.60	
			1.78	1+250.00	49.62	
			1.75	1+300.00	49.65	
			1.78	1+308.00	49.62	ZY3(BC3)
			1.82	1+320.00	49.58	
1.506	51.068	1.840		ZD1	49.562	
			1.53	1+340.00	49.54	
			1.59	1+360.00	49.48	
			1.66	1+380.00	49.41	
			1.79	1+400.00	49.28	
			1.80	1+421.98	49.27	QZ3(MC3)
			1.86	1+440.00	49.21	
1.421	50.611	1.878		ZD2	49.190	
			1.48	1+460.00	49.13	
			1.55	1+480.00	49.06	
			1.56	1+500.00	49.05	
			1.57	1+520.00	49.04	
			1.77	1+535.25	48.84	YZ3(EC3)
			1.77	1+550.00	48.84	
1.724	50.947	1.388		ZD3	49.223	
			1.58	1+584.50	49.37	路边
			1.53	1+591.93	49.42	JD4(IP4)路
			1.57	1+600.00	49.38	中心路边
		1.281		BM3	49.666	已知高程 49.668m
$\sum a = 4.979$ $\sum b = 6.387$ $\overline{\sum h = -1.408}$		$\sum b = 6.387$			$H_{始} = 49.666$ $\dfrac{H_{断}}{\sum h} = \dfrac{51.074}{-1.408}$	计算校核 无误

实测闭合差＝49.666－49.668＝－0.002m＝－2mm

允许闭合差＝±20$\sqrt{L}$＝±20$\sqrt{0.4}$＝13mm　合格

（右栏：成果校核　合格）

2. 横断面测量

横断面测量的主要任务，是测定各里程桩和加桩处中线两侧地面特征点至中心线的距离和高差，然后绘制横断面图。横断面图表示了垂直中线方向上的地面起伏情况，是计算土（石）方和施工时确定填挖边界的依据。

在横断面测量中，一般要求距离精确至 11m，高程精确至 0.05m。因此，横断面测量多采用简易方法以提高工效。横断面测量施测的宽度，根据工程类型、用地宽度及地形情况确定。一般要求在中路两侧各测出用地宽度外至少 5m。

测定横断面的方向。直线段上的横断方向是指与线路垂直的方向,如图 7-2(a)中的横断面,$a-a'$、$z-z'$、$y-y'$。

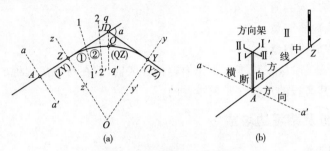

图 7-2　横断面的方向测定

曲线段上的横断方向是指垂直于该点圆弧切线的方向,即指向圆心的方向,如横断面 $1-1'$、$2-2'$、$q-q'$。在地势平坦地段,横断面方向的偏差影响不大,但在地势复杂的山坡地段,横断面方向的偏差会引起断面形状的显著变化,这时应特别注意断面方向的测定。

在纵断面测量时测出,其余各特征点对中心点的高低变化情况,可用水准仪测出。

如图 7-3 水准仪安置后,以中线地面高为后视,以中线两侧地面特征点为前视,并量出各特征点到中线的水平和距离。水准读数精确到 0.01m,水平距离读数精确至 0.1m 即可。观测时视线可长至 100m,故安置一次仪器可测几个断面。

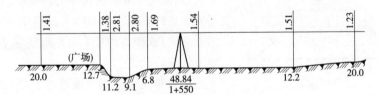

图 7-3　水准仪测横断面

所测数据应按表 7-2 格式记录(注意,记录次序是由下向上,以防左右方向颠倒)。根据记录数据,可在毫米坐标格纸上,按比例展绘横断面形状,以供计算土方之用。

表 7-2　横断面测量记录

前视读数 至中线距离					后视读数 桩号	前视读数 至中线距离		
(房)$\dfrac{1.60}{14.3}$	$\dfrac{1.25}{8.2}$				$\dfrac{1.50}{1+650}$	$\dfrac{1.45}{3.2}$	$\dfrac{0.70}{4.3}$	$\dfrac{0.65}{20.0}$
(广场)$\dfrac{1.41}{20.0}$	$\dfrac{1.38}{12.7}$	$\dfrac{2.81}{11.2}$	$\dfrac{2.80}{9.1}$	$\dfrac{1.69}{6.8}$	$\dfrac{1.54}{1+550}$	$\dfrac{1.51}{12.2}$	$\dfrac{1.23}{20.0}$	

三、工程施工中三项测量放线基本工作

(1)中线放线测量

(2)边线放线测量

(3)高程放线测量

不同的施工阶段三项基本工作内容稍有区别,但在每个里程桩的横断面上,中线桩位与其高程的正确性是根本性的。

四、边桩及路堤边坡放线

1. 边桩放线

路基施工前,要把地面上路基轮廓线表示出来,即把路基与原地面相交的坡脚线找出来,钉上边桩,这就是边桩放线。在实际施工中边桩会被覆盖,往往是测设与边桩连线相平行的边桩控制桩。

边桩放线常用方法有两种。

(1)利用路基横断面图放边桩线(也叫图解法)

根据已"戴好帽子"的横断面设计图或路基设计表,计算出或查出坡脚点离中线桩的距离,用钢尺沿横断面方向实地确定边桩的位置。

(2)根据路基中心填挖高度放边桩线(也叫解析法)

在施工现场时常出现道路横断面设计图或路基设计表与实际现状发生较大

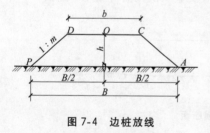

图 7-4 边桩放线

出入,此情况下可根据实际的路基中心填挖高度放边坡线,如图 7-4 所示。图中 h 为中桩填方高度(或挖方深度);b 为路基宽度;1:m 为边坡率。

平地路堤坡脚至中桩距离 $B/2$ 计算公式如下:

$$B/2 = h \cdot m + b/2$$

2. 路堤边坡的放线

有了边桩(或边桩控制桩)尚不能准确指导施工,还要将边坡坡度在实地表示出来,这种实地标定边坡坡度的测量叫做边坡放线。

边坡放线的方法有多种,比较科学且简便易行的方法有如下两种:

(1)竹竿小线法

如图 7-5(a)所示,根据设计边坡度计算好竹竿埋置位置,使斜小线满足设计边坡坡度。此法常用边坡护砌中。

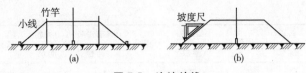

图 7-5　边坡放线

（2）坡度尺法

如图 7-5（b）所示，应按坡度要求回填或开挖，并用坡度尺检查边坡。

3. 边桩上纵坡设计线的测设

施工边桩一般都是一桩两用，既控制中线位置又控制路面高程，即在桩的侧面测设出该桩的路面中心设计高程线（一般注明改正数）。

图 7-6 表示的是中线北侧的高程桩测设情况。表 9-3 是常用的记录表格。具体测法如下：

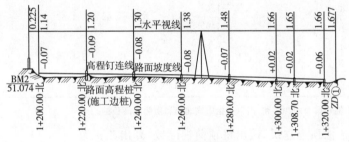

图 7-6　高程桩测设

（1）后视水准点求出视线高。

（2）计算各桩的"应读前视"即立尺于各桩的设计高程上时，应该读的前视读数。

$$应读前视＝视线高－路面设计高程$$

路面设计高程可由纵断面图中查得，也可在某一点的设计高程和坡度推算得到（表 7-3 设计坡度为 8.5‰）。

当第一桩的"应读前视"算出后，也可根据设计坡度和各桩间距算出各桩间的设计高差，然后由第一个桩的"应读前视"直接推算其他各桩的"应读前视"。

表 7-3　高程桩测设记录表

桩号		后视读数	视线高	前视读数	高程	路面设计高程	应读前视	改正数	备注
BM2		0.225	51.299		51.074				已知高程
1+200.00	北			1.14		50.09	1.21	−0.07	
	南			1.17				−0.04	

（续）

桩号		后视读数	视线高	前视读数	高程	路面设计高程	应读前视	改正数	备注
1+220.00	北			1.20		50.01	1.29	−0.09	
	南			1.22				−0.07	
1+240.00	北			1.30		49.92	1.38	−0.08	
	南			1.27				−0.11	
1+260.00	北			1.38		49.84	1.46	−0.08	
	南			1.41				−0.05	
1+280.00	北			1.48		49.75	1.55	−0.07	
	南			1.46				−0.09	
1+300.00	北			1.66		49.66	1.64	+0.02	桩顶低
	南			1.62				−0.02	
1+308.70	北			1.65		49.63	1.67	−0.02	
	南			1.60				−0.07	
1+320.00	北			1.66		49.58	1.72	−0.06	
	南			1.64				−0.08	
ZD①				1.77	45.529				

注：上表中桩号后面的"北"和"南"，是指中线北侧和南侧的高程桩。

（3）在各桩顶上立尺，读出桩顶前视读数，算出改正数。

$$改正数＝桩顶前视－应读前视$$

改正数为"－"表示自桩顶向下量改正数，再钉高程钉或画高程线；改正数为"＋"表示自桩顶向上量改正数（必要时需另钉一长木桩），然后在桩上钉高程钉或画高程线。

（4）钉好高程钉。应在各钉上立尺检查读数是否等于应读前视。误差在5mm以内时，认为精度合格，否则应改正高程钉。经过上述工作后，将中线两侧相邻各桩上的高程钉用小线连起，就得到两条与路面设计高程一致的坡度线。

（5）由于每测一段后，另一水准点闭合受两侧地形限制，有时只能在桩的一侧注明桩顶距路中心设计高的改正数，为防止观测或计算中的错误，施工时由施工人员依据改正数量出设计高程位置，或为施工方便量出高于设计高程20cm的高程线。

五、竖曲线的测设

1. 竖曲线的基本认识

为了保证行车安全，在路线坡度变化时，按规定用圆曲线连接起来，这种曲线就叫做竖曲线。竖曲线分为两种形式，即凹形和凸形。

其测设要素有：曲线长 L、切线长 T 和外距 E，由于竖曲线半径很大，而转折角较小，故可以近似的计算 T、L、E：

切线长
$$T = R \times \frac{|(i_2 - i_1)|}{2}$$

曲线长
$$L = R \times |(i_2 - i_1)|$$

外距
$$E = T^2/2R = L^2/8R$$

2. 竖曲线的测设

（1）计算竖曲线上各点设计高程

1）先按直线坡度计算各点坡道设计高 H_i'；

2）计算相应各点竖曲线高程改正数 y_i：

$$y_i = \frac{x^2}{2R}$$

式中：x——竖曲线起（终）点到欲求点的距离；

R——竖曲线半径。

3）计算竖曲线上各点设计高程 H_i：

$$H_i = H_i' \pm y_i$$

式中凹形竖曲线用"＋"号；

凸形竖曲线用"－"号。

（2）根据计算结果测设已知高程点

【例 9-1】　如图 7-7 为一竖曲线，计算其测设要素值。

解：测设要素值为：

$$T = 4000 \times \frac{|-3\% - (-1.26\%)|}{2} - 34.80 \text{m}$$

$$L = 4000 \times |-3\% - (-1.26\%)| - 69.60 \text{m}$$

$$E = (34.80)^2/2 \times 4000 = 0.151 \text{m}$$

其他计算如表 7-4 所示。

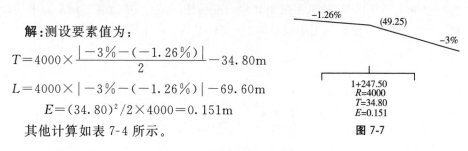

图 7-7

表 7-4　竖曲线测设要素值

桩号	x	坡线高程	竖曲线改正数	路面高程	备注
1+212.70	0.00	49.688	0.000	49.69	
1+220.00	7.30	49.596	−0.007	49.59	
1+230	17.30	49.470	−0.037	49.43	
1+240.00	27.30	49.470	−0.037	49.43	

（续）

桩号	x	坡线高程	竖曲线改正数	路面高程	备注
1＋247.50	34.80	49.25	−0.151	49.10	变坡点
1＋250.00	32.30	49.175	−0.130	49.04	
1＋260.00	22.30	49.875	−0.062	48.81	
1＋270.00	12.30	48.575	−0.019	48.56	
1＋282.30	0.00	48.206	0.000	48.21	

六、路面施工阶段测量工作的主要内容

（1）路面施工阶段的测量工作主要包括三项内容。

1）恢复中线。中线位置的观测误差应控制在 5mm 之内。

2）高程测量。高程标志线在铺设面层时，应控制在 5mm 之内。

3）测量边线。使用钢尺丈量时测量误差应控制在 5mm 之内。

（2）路面边桩放线主要有两种方法。

1）根据已恢复的中线位置，使用钢尺测设边桩，量距时注意方向并考虑横坡因素；

2）计算边桩的城市坐标值，以及附近导线或控制桩、测设边桩位置。

七、路拱曲线的测设

找出路中心线后，从路中心向左右两侧每 50cm 标出一个点位。在路两侧边桩旁插上竹竿（钢筋），依据所画高程线或所注改正数，从边桩上画出高于设计高 10cm 的标志，按标志用小线将两桩连起，得到一条水平线，如图 7-8 所示。

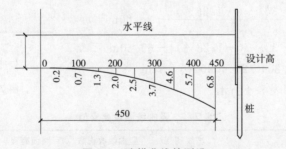

图 7-8　路拱曲线的测设

检测的依据是设计提供的路拱大样图上所列数据，用盒钢尺从中线起向两侧每 50cm 检测一点。盒钢尺零端放在路面，向上量至小线看是否符合设计数据。

如图 7-8，在 0 点（路中心线）位置，所量距离应是 10cm，在 2m 处应是 12cm，在 4.5m 处应是 16.8cm。

规程规定,沥青面层横断面高程允许偏差为±1cm且横坡误差不大于0.3%。如在2m处高程低了0.5cm,在2.5m处高程又高了0.5cm,虽然两处高程误差均在允许范围内,但两点之间坡度误差是1/50=2%,已大于0.3%,因而不合格。

在路面宽度小于15m时,一般每幅检测5点即可,即中心线一点,路缘石内侧各一点,抛物线与直线相接处或两侧1/4处各一点。路面大于15m或有特殊要求时应按有关规定检测或使用水准仪实测。

第三节　管道工程的施工测量

管道施工测量的主要任务是根据设计图纸的要求,为施工测设各种标志,使施工人员便于随时掌握中线方向和高程位置。

管道工程一般属于地下工程居多,管道种类较多,主要有给水、排水、天然气、输油管等。在城市和工厂建设中,管道更是上下穿插、纵横交错联结成管道网,如果管道施工测量稍有差错,将可能会产生管道互相干扰,给施工造成困难。

管道施工测量的精度要求,一般取决于工程的性质和施工方法。例如无压力的自流管道(如排水管道)比有压力管道(如给水管道)测量精度要求高,不开槽施工比开槽施工测量精度要求高,厂区内部管道比外部管道测量精度要求高等。在实际工作中,各种管道施工测量必须满足设计要求。管道施工测量的工作内容比较广泛。测量方法也比较灵活多样,实践经验比较重要。本节简单介绍其主要内容和基本方法。

一、施工前的测量工作

1. 熟悉图纸和现场情况

施工测量前,首先要认真熟悉设计图纸,包括管道平面图、纵横断面图、标准横断面图和附属构筑物图等,通过熟悉图纸,在了解设计图纸和对测量的精度要求的基础上,掌握管道中线位置和各种附属构筑物的位置等,并找出有关的施测数据及其相互关系。为了防止错误,对有关尺寸应该认真校核。在勘察施工现场时,除了解工程和地形的一般情况外,还应找出各交点桩、里程桩、加桩和水准点位置。另外,还应注意做好现有地下管线的复查工作,以免施工时破坏,造成损失。

2. 恢复中线

管道中线测量中所钉的中线桩、交点桩等,到施工时难免有部分碰动和丢失,为了保证中线位置准确可靠,施工前应根据设计的定线条件进行复核,并将丢失和碰动的桩重新恢复。在校核中线时,一般均将管道附属构筑物(涵洞、检查井等)的位置同时测出。

3. 施工控制桩的测设

在施工时由于中线上各桩要被挖掉,为了在施工中控制中线和附属构筑物的位置,应在不受施工干扰、引测方便和易于保存桩位的地方,测设施工控制桩。施工控制桩分中线控制桩和附属构筑物位置控制桩两种,可以分别保证对中线和附属构筑物的位置进行控制。

4. 施工水准点的加密

为了在施工过程中能够比较方便地引测高程,一般应在原有水准点之间,加设一定的临时施工水准点,其间距约 $100\sim150\mathrm{m}$,其精度要求应根据工程性质和有关规范规定确定。

在引测水准点时,一般都同时检测管道出入口和管道与其他管线交叉的高程,如果与设计图纸给定数据不相符时,就应及时与设计部门研究解决。

二、施工中的测量工作

1. 槽口放线

槽口放线的任务是根据设计要求的埋深、土层情况和管径大小等计算出开槽宽度,并在地面上定出槽边线的位置,作为开槽的依据。

当横断面比较平坦时,如图 7-9(a)所示,槽口宽度按式(7-1)计算。

半槽口宽度:

$$D_{左}=D_{右}=\frac{b}{2}+mh \tag{7-1}$$

当槽断面倾斜较大时,中线两侧槽口宽度就不一致,应分别按下式计算或用图解法求出,如图 9-10(b)所示。

半槽口宽度:

$$D_{左}=\frac{b}{2}+m_2h_2+m_sh_s+c$$

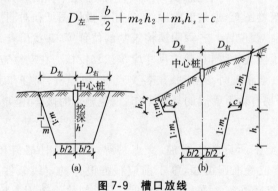

图 7-9 槽口放线

(a)横断面较平坦时;(b)横断面倾斜较大时

$$D_右 = \frac{b}{2} + m_1 h_1 + m_s h_s + c$$

2. 坡度控制标志的测设

管道施工中的测量工作,主要是控制管道的中线和高程位置。因此,在开槽前后应设置控制管道中线和高程位置的施工标志,以便按设计要求进行施工。比较常用的有以下两种方法。

(1)坡度板法

1)埋设坡度板及投测中心钉。坡度板法是控制管道中线和构筑物位置,掌握管道设计高程的常用方法,坡度板一般均跨槽埋设,如图 7-10(a)所示。

坡度板应根据工程进程要求及时埋设,当槽深在 2.5m 以内时,应于开槽前在槽口上每隔 10～20m 埋设一块坡度板,如遇检查井、支线等构筑物时,应加设坡度板。当槽深在 2.5m 以上时,应待槽挖到距槽底 2m 左右时再在槽内埋设坡度板,如图 9-11(b)所示。坡度板要埋设牢固、板面要保持水平。

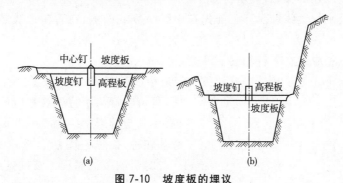

图 7-10　坡度板的埋议

(a)槽深在 2.5m 以内;(b)槽深在 2.5m 以上

坡度板埋设后,以中线控制桩为准,用经纬仪把管道中心线投测到板上面,并钉中心钉。并在坡度板的侧面写上里程桩号或检查井等附属构筑物的号数。

2)测设坡度钉。为了控制管槽开挖深度,应根据附近水准点,用水准仪测出坡度板板顶高程。根据板顶高度与管道坡度计算该处的管道设计高程之差,即为由坡度板顶往下开挖的深度。但由于地面有起伏,所以各坡度板顶向下开挖的深度都不一致,对掌握施工中管底的高程和坡度都很不方便。为此,需在坡度板上中线一侧设置坡度立板,称为高程板,在高程板侧面测设一坡度钉,使各坡度板上坡度钉的连线平行于管道设计坡度线,并距离槽底设计高程为一整分米数,称为下反数,如图 7-11 所示。施工时,利用这条线就可以比较灵活方便地来检查、控制管道坡度和高程。

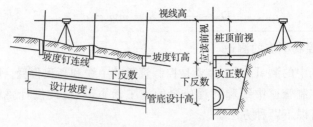

图 7-11　测设坡度钉

测设坡度钉的方法灵活多样,其基本原理是进行高程的放样。具体测设时是先计算各坡度板处的管底设计标高以及根据现场情况所选定的下反数计算出坡度钉的高程,然后根据已知水准控制点进行测设坡度钉。

(2)平行轴腰桩法

当现场条件不便采用坡度板时,对精度要求较低的管道,可采用平行轴腰桩法来测设坡度控制标志,其步骤如下。

1)测设平行轴线桩。开工前先在中线一侧或两侧,在管槽边线之外测设一排平行轴线桩,平行轴线桩与管道中心线相距 a,各桩间距约在 20m 左右。各检查井位置也相应地在平行轴线上设桩。

2)钉腰桩。为了比较准确地控制管道中线和高程,在槽坡上(距槽底 1m 左右)再钉一排与平行轴线相应的平行轴线桩,使其与管道中线的间距为 b,这样的桩称为腰桩,如图 7-12 所示。

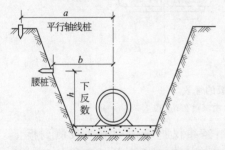

图 7-12　平行轴腰桩法测设坡度控制标志

3)引测腰桩高程。腰桩钉好后,用水准仪测出各腰桩的高程,腰桩高程与该处相对应的管底设计高程之差 h,即是下反数。施工时,用各腰桩的 b 和 h 即可控制埋设管道的中线和高程。

第四节　桥梁和隧道工程的施工测量

一、桥梁工程的施工测量

桥梁按其跨径长度一般分为特大桥、大桥、中桥、小桥四类,见表 7-5。桥梁施工测量的方法及精度要求随桥梁轴线长度、桥梁结构而定,主要内容包括平面控制测量、高程控制测量、墩台定位、轴线测设等。

表 7-5　桥梁分类

桥梁分类	多孔跨径总长 L/m	单孔跨径长 L/m
特大桥	$L>1000$	$L>150$
大桥	$100\leqslant L\leqslant 1000$	$40\leqslant L\leqslant 150$
中桥	$30<L<100$	$20\leqslant L<40$
小桥	$8\leqslant L\leqslant 30$	$5\leqslant L<20$

1. 平面控制测量

桥位平面控制测量的目的是测定桥轴线长度并据此进行墩、台的放样，也可用于施工过程中的变形监测。平面控制测量可根据现场及设备情况采用导线测量和三角测量。三角网的几种布设形式如图 7-13 所示，图中点画线为桥轴线，控制点尽可能使桥的轴线作为三角形的一个边，如不能，也应将桥轴线的两个端点纳入网内，以间接计算桥轴线长度，从而提高桥轴线的测量精度。

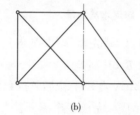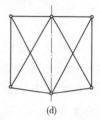

(a)　　　　　　(b)　　　　　　(c)　　　　　　(d)

图 7-13　桥位三角网形式

桥位三角网的布设，力求图形简单，除满足三角测量本身的要求外，还要求控制点选在不被水淹、不受施工干扰的地方。基线应与桥梁中线近似垂直，其长度一般不小于桥轴线长度的 0.7 倍，困难地段也不应小于 0.5 倍。

控制网可采用测角网、测边网或边角网。采用测角网时宜测定两条基线；采用测边网时宜测量所有的边长，不测角；边角网则要测量边长和角度。一般在边、角精度互相匹配的条件下，边角网的精度较高。

2. 高程控制测量

桥位的高程控制测量，一般在路线基平时就已经建立，施工阶段只需要复测和加密。总长 $\geqslant 3000\mathrm{m}$ 的多跨桥梁，高程控制测量等级选用二等；$1000\leqslant L<3000\mathrm{m}$ 时，高程控制测量等级选用三等；$L<1000\mathrm{m}$ 时，高程控制测量等级选用四等。当跨河视线较长或前后视距相差悬殊时，水准尺上读数精度将会降低，水准仪的 i 角误差和地球曲率、大气折光的影响将会加大，这时可采用跨河水准测量或光电测距三角高程测量的方法。

（1）跨河水准测量

用两台精度相同的水准仪同时作对向观测，两岸测站点和立尺点布置如图 7-14 所示，图中 A、B 为立尺点，C、D 为测站点，要求 AD 与 BC 距离基本相等，AC 与 BD 离基本相等，且 AC 和 BD 不小于 10m。

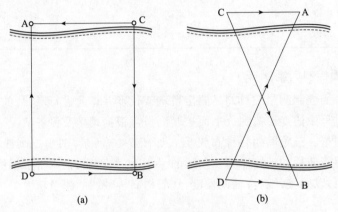

图 7-14　跨河水准测量

用两台水准仪作同时对向观测时，C 站先测本岸 A 点尺上读数 a_1，后测对岸 B 点尺上读数 2～4 次，取其平均数 b_1，其高差 $h_1 = a_1 - b_1$；此时在 D 站上，同样先测本岸 B 点尺上读数 b_2，后测对岸 A 点尺上读数 2～4 次，取其平均数 a_1，其高差 $h_2 = a_2 - b_2$。取 h_1 和 h_2 的平均数，完成一个测回。一般进行 4 个测回。

（2）光电测距三角高程测量

即在河的两岸布置 1、2 两个水准点，在 1 点安置全站仪，在 2 点安置棱镜，分别量取仪器和棱镜高。全站仪照准棱镜中心，测得 1、2 两点间的高差。由于视距较长且穿过水面，高差的测定会受到地球曲率和大气折光的影响，但是大气状况在短时间内不会有很大的变化，故可以采用对向观测的方法，即在 1 点观测完毕将全站仪与棱镜位置对调，用同样的方法再进行一次测量，取对向观测高差的平均值作为 1、2 两点间的高差。

（3）桥梁墩、台定位测量

桥梁墩、台定位测量是桥梁施工测量中的关键工作。水中桥墩基础施工定位，由于水中桥墩基础一般采用浮运法施工，目标处于不稳定状态，在其上无法使仪器稳定，故采用方向交会法。在已稳固的墩台基础上定位时，可以采用直接丈量法、方向交会法和极坐标法。

1）直接丈量法

在无水的河滩上或水面较窄钢卷尺可以跨越时，可用直接丈量法。根据图纸计算出各段距离，测设前要检定钢卷尺，按精密量距方法进行。一般从桥的轴线一端开始,测设出墩、台中心,并附合到轴线的另一端以便校核。不得已时可以从两端向中间测设。若在限差之内,则按各段测设的距离在测设点位上打好木桩,同时在桩上钉一小钉进行标记。直接丈量定位必须丈量两次以上作为校核,当误差不超过 20cm 时,满足要求。

2)方向交会法

如果桥墩所在位置的河水较深,无法直接丈量时,可采用方向交会法测设。如图 7-15 所示,AB 为桥轴线,C、D 为桥梁平面控制网中的控制点,P_i 点为第 i 个桥墩设计的中心位置(待测设的点)。在 C、A、D 三点上各安置一台经纬仪,A 点上的经纬仪照准 B 点,定出桥轴线方向;C、D 两点上的经纬仪均先照准 A 点,并分别根据 P_i 点的设计坐标和控制点坐标计算出控制点的应测设角度,定出交会方向线。由于测量误差的存在,从 C、A、D 三点指来的三条方向线一般不会正好交会于一点,而是形成误差三角形 $P_1 P_2 P_3$。如果误差三角形在桥轴线上的边长 $P_1 P_3$ 对于墩底定位不超过 25mm,对于墩顶定位不超过 15mm,则从 P_2 向 AB 作垂线 $P_2 P_i$,P_i 即为桥墩中心。在桥墩施工中,随着桥墩的逐渐筑高,桥墩中心的放样工作需要重复进行,而且要迅速和准确。为此,在第一次求得正确的桥墩中心位置 P_i 后,将 CP_i 和 DP_i 方向线延长到对岸,设立固定的瞄准标志 C′、D′,如图 7-16 所示。以后每次作方向交会法放样时,从 C、D 点直接瞄准 C′、D′点,即可恢复对 P_i 点的交会方向。

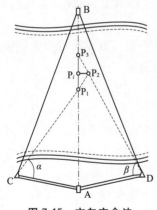

图 7-15　方向交会法

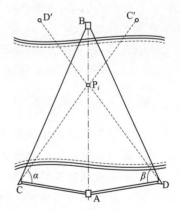

图 7-16　固定瞄准标志后延长方向线

3)极坐标法

如果有全站仪或测距仪,待放样的点位上可以安置棱镜,且测距仪或全站仪与棱镜或反光镜可以通视,则可用极坐标法放样桥墩中心位置。先计算出欲放样墩台的中心坐标,求出放样角度和距离,即可将仪器安置于任意控制点上进行放样。这种方法比较简便、迅速。测设时应根据当时的气象参数对距离进行气象改正。为保证测设点位准确,常用换站法校核。

(4)桥梁墩、台纵横轴线的放样

为了进行墩、台施工的细部放样,需要放样其纵横轴线。纵轴线是指通过墩、台中心平行于线路方向的轴线;横轴线是指过墩、台中心垂直于线路方向的轴线。

直线桥墩、台的纵轴线与线路的中线方向重合,在墩、台中心架设仪器,自线路中线放样 90°角,即为横轴线方向。

曲线桥的墩、台轴线位于桥梁偏角的分角线上,在墩、台中心架设仪器,照准相邻的墩台中心,测设 $\alpha/2$ 角,即为纵轴线方向。自纵轴线方向测设 90°角,即为横轴线方向。

(5)桥梁架设施工测量

桥梁梁部结构比较复杂,要求对墩、台方向、距离和高程用较高的精度测定,作为架梁的依据。墩、台施工时,对其中心点位、中线方向和垂直方向以及墩顶高程都做了精密测定,但当时是以各个墩、台为单元进行的。架梁时需要将相邻墩、台联系起来,考虑其相关精度,要求中心点间的方向、距离和高差符合设计要求。

相邻桥墩中心点之间距离用光电测距仪观测,适当调整使中心里程与设计里程完全一致。在中心标板上刻画里程线,与已刻画的方向线正交形成十字交线,表示墩、台中心。墩、台顶面高程用精密水准仪器测定,构成水准线路,附合到两岸基本水准点上。

全桥架通后,做一次方向、距离和高程的全面测量。其成果可作为钢梁整体纵、横移动和起落调整的施工依据,称为全桥贯通测量。

二、隧道工程的施工测量

隧道是线路工程穿越山体等障碍物的通道,或是为地下工程施工所做的地面与地下联系的通道。为了加快工程进度,通常采取多井开挖以增加工作面的办法。隧道施工是从地面开挖竖井或斜井、平硐进入地下的。

在对向开挖的隧道贯通面上,中线不能吻合的偏差称为贯通误差。贯通误差包括纵向误差、横向误差和高程误差。

1. 地面控制测量

隧道地面的控制测量应在隧道开挖以前完成,它包括平面控制测量和高程控制测量,它的任务是测定地面各洞口控制点的平面位置和高程,作为向地下洞内引测坐标、方向和高程的依据,并使地面和地下在同一控制系统内,从而保证隧道的准确贯通。

(1)平面控制测量

1)中线法

中线法是用经纬仪根据导线点的坐标和设计的中线点的坐标,利用相应的方法测设隧道中线的位置。如图 7-17 所示,D_2、D_3 点为导线点,A 为隧道中线点,若已知 D_2、D_3 的实测坐标及 A 的设计坐标和隧道中线的设计方位角 α_{AB},根据上述的数据,即可推算出放样中线点的有关数据,即 β_B、L 与 β_A。

$$\left.\begin{array}{l} \alpha_{D_3-A} = \arctan \dfrac{y_A - y_3}{x_A - x_3} \\[2mm] \beta_B = \alpha_{D_3-A} - \alpha_{D_3-D_2} \\[2mm] L = \dfrac{y_A - y_3}{\sin\alpha_{D_3-A}} = \dfrac{x_A - x_3}{\cos\alpha_{D_3-A}} = \sqrt{(x_A - x_3)^2 + (y_A - y_3)^2} \end{array}\right\}$$

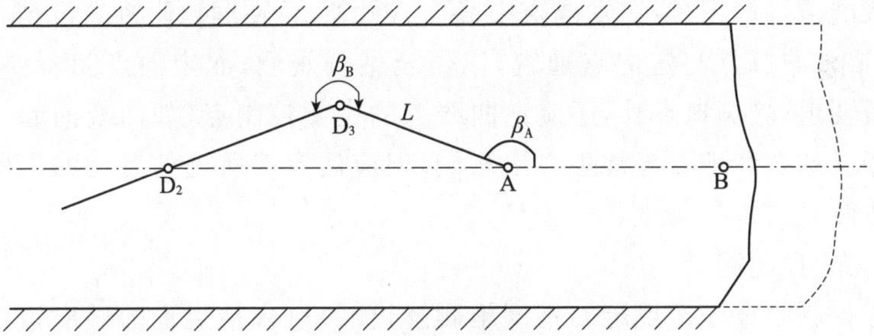

图 7-17　中线法

在求得有关数据后,即可将经纬仪安置于导线点 D_3 上,后视 D_2 点,拨角 β_B,并在视线方向上丈量距离、即得中线点 A,然后在 A 点埋设标志。标定开挖方向时,可将仪器安置于 A 点,后视导线点 D_3,并拨水平角 β_A,即得中线方向。随着开挖面向前推进,需将中线点向前延伸,埋设新的中线点,如图 7-17 中的 B 点。此后可将仪器安置于 B 点,后视 A 点,倒转望远镜继续向前标定隧道中心线的位置。A、B 间的距离在直线段上不宜超过 100m,在曲线段上不宜超过 50m。中线延伸在直线上宜采用正倒镜延长,在曲线上宜采用偏角法测设。

2)精密导线法

导线法比较灵活、方便,对地形的适用性比较大。目前在光电测距仪已经普及的情况下,导线法是隧道洞外控制形式的良好方案之一。

精密导线应组成多边形闭合环,它可以是独立闭合导线,也可以与国家三角点相连。导线水平角的观测,应以总测回数的奇数测回和偶数测回,分别观测导线前进方向的左角和右角,以检查错误;将它们换算为左角或右角后再取平均值,以提高测角精度。为了增加检核条件和提高测角精度评定的可行性和可靠性,导线环的个数不宜太少,最少不应少于 4 个;每个环的边数不宜太多,一般以

4~6条边为宜。

3）三角锁法

对于隧道较长、地形复杂的山岭地区或城市的地下隧道，地面平面控制网一般布设成线形三角锁形式。测定三角锁的全部角度和若干条边长，或测定全部边长，使之成为边角锁。三角锁的点位精度比导线高，一般长隧道测角精度为±1.2″，起始边精度要达到1/300000，因此要付出较大的人力和物力。如果有较高精度的测距仪，应多测几条起始边，用三角锁计算，比较简便。用三角锁作为控制网，最好将三角锁设成直伸形，并且用单三角构成，使图形尽量简单。这时边长误差对贯通的横向误差影响大为削弱。

4）GPS法

采用定位技术建立隧道地面平面控制网已普遍应用。它只需在洞口布点。对于直线隧道，洞口点应选在隧道中线上。另外，再在洞口附近布设至少2个定向点，并要求洞口点与定向点通视，以便全站仪观测，而定向点间不要求通视。对于曲线隧道，除洞口点外，还应把曲线上的主要控制点（如曲线的起、终点）包括在网中。选点和埋石与常规方法相同，但应注意使所选的点位的周围环境适宜接收机测量。

（2）高程控制测量

高程控制测量是按规定的精度施测隧道洞口（包括隧道的进出口、竖井口、斜井口和平峒口）附近水准点的高程，作为高程引测进洞的依据。高程控制通常采用三、四等水准测量的方法施测。当山势陡峻采用水准测量困难时，亦可采用光电测距仪三角高程的方法测定各洞口高程。

2. 竖井联系测量

在隧道施工中，常用竖井在隧道中间增加掘进工作面，从多向同时掘进，可以缩短贯通段的长度，提高施工进度。为保证隧道的正确贯通，必须将地面控制网中的坐标和高程，通过竖井传递到地下，这些工作称为竖井联系测量。

（1）竖井定向

竖井定向就是通过竖井将地面控制点的坐标和直线的方位角传递到地下。井口附近地面上导线点的坐标和导线边的方位角，将作为地下导线测量的起始数据。竖井定向的方法一般采用连接三角形法。

在竖井中悬挂两根细钢丝，为了减小钢丝的振幅，需将挂在钢丝下边的重锤浸在液体中以获得阻尼。阻尼用的液体黏度要恰当，使得重锤不能滞留在某个位置，也不因为黏度小而振幅衰减缓慢。当钢丝静止时，钢丝上的各点平面坐标相同，据此推算地下控制点的坐标。

如图7-18a所示，A、B为地面控制点，其坐标是已知的，C、D为地下控制点，为求 C、D 两点的坐标,在竖井上方 O_1、O_2 处悬挂两条细钢丝,由于悬挂钢丝点 O_1、O_2 不能安置仪器,因此选定井上、井下的连接点 B 和 C 从而在井上、井下组成了以 O_1O_2 为公用边的三角形 $\triangle O_1O_2B$、$\triangle O_1O_2C$。一般把这样的三角形称为连接三角形。图 7-18b 所示便是井上、井下连接三角形的平面投影。

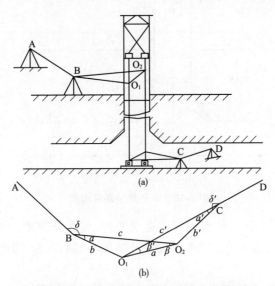

图 7-18　竖井定向联系测量机连接三角形法

当已知 A、B 点的坐标时,即可推算出 AB 边的方位角,若再测出地面上 $\triangle O_1O_2B$ 的 $\angle O_1BO_2 = \alpha$ 和三边长 a、b、c 及连接角 $\angle ABO_1 = \beta$,便可用三角形的边角关系和导线测量计算的方法,计算出两点的平面坐标及其连线的方位角。同样在井下,根据已求得的 O_1O_2 坐标及其连线方位角和测得井下 $\triangle O_1O_2C$ 的 $\angle O_1CO_2 = \alpha'$,及三边长 a、b'、c',并在 C 点测出 $\angle O_2CD = \delta'$,即可求得井下控制点 C 及 D 的平面坐标及 CD 边的方位角。

(2)高程联系测量

高程联系测量的任务是把地面的高程系统经竖井传递到井下高程的起始点。导入高程的方法有钢卷尺导入法、钢丝导入法、测长器导入法及光电测距仪导入法,以下以钢卷尺导入法为例。

如图 7-19 所示,在竖井地面洞口搭支撑架,将长钢卷尺悬挂在支撑架上并自由伸入洞内。钢卷尺下面悬挂一定质量的锤球,待钢卷尺稳定时,开始测量。假设在离洞口不远处的水准点 A 上立尺,在水准点和洞口之间架设水准仪,分别在水准尺和钢卷尺上读取中丝读数 a、b;同时,在地下洞口和地下水准点 B 之间架设水准仪,在钢卷尺和水准尺上读数 c、d。这时,地下水准点 B 与地面水准点 A 之间的高差为

$$h_{AB}=(a-b)+(c-d)=(a-d)-(b-c)$$

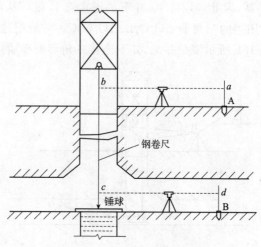

图 7-19　竖井高程联系测量

$(a-b)$为上、下视线间钢卷尺的名义长度,实际计算中一般须加上尺长改正、温度改正、拉力改正和钢卷尺自重改正等四项总和$\sum\Delta t$,因此

$$h_{AB}=(a-d)-(b-c)+\sum\Delta t$$

根据地面水准点的高程,可以计算地下水准点的高程:

$$H_B=H_A+h_{AB}$$

导入高程均需独立进行两次(第二次需移动钢卷尺,改变仪器高度),加入各项改正数后,前后两次导入高程之差一般不应超过5mm。

3. 隧道施工测量

(1)洞内平面控制测量

当直线隧道长度小于1000m,曲线隧道长度小于500m时,可不作洞内平面控制测量,而是直接以洞口控制桩为依据,向洞内直接引测隧道中线,作为平面控制。但当隧道长度较长时,必须建立洞内精密地下导线作为洞内平面控制。

地下导线的起始点通常设在隧道的洞口、平坑口、斜井口,而这些点的坐标是通过联系测量或直接由地面控制测量确定的。地下导线等级的确定取决于隧道的长度和形状。

(2)洞内高程控制测量

洞内高程测量应采用水准测量或光电测距三角高程测量的方法。洞内高程应由洞外高程控制点向洞内测量传算,结合洞内施工特点,每隔200m至500m设立两个高程点以便检核。为便于施工使用,每隔100m应在拱部边墙上设立一个水准点。

采用水准测量时,应往返观测,视线长度不宜大于 50m;采用光电测距三角高程测量时,应进行对向观测,注意洞内除尘、通风排烟和水汽的影响。限差要求与洞外高程测量的要求相同。洞内高程点作为施工高程的依据,必须定期复测。

当隧道贯通之后,求出相向两条水准的高程贯通误差,并在未衬砌地段进行调整。所有开挖、衬砌工程应以调整后的高程指导施工。

（3）洞内中线和腰线的测设

1）中线测设

根据隧道洞口中线控制桩和中线方向桩,在洞口开挖面上测设开挖中线,并逐步往洞内引测中线上的里程桩。一般隧道每掘进 20m 要埋设一个中线里程桩。中线桩可以埋设在隧道的底部或顶部。

2）腰线测设

在隧道施工过程中,为控制施工的标高和隧道横断面的放样,在隧道的岩壁上每隔一定距离 5～10m 测设出比洞底设计地坪高 1m 的标高线,称为腰线。腰线的高程由引入洞内的施工水准点进行测设。腰线的高程按设计坡度随中线的里程而变化,它与隧道的设计地坪高程线是平行的。

（4）掘进方向指示

隧道的开挖掘进过程中,经常使用激光准直经纬仪或激光指向仪,以指示中线和腰线方向,它具有直观、对其他工序影响小、便于实现自动控制等优点。例如,采用机械化掘进设备,用固定在一定位置上的激光指向仪,配以装在掘进机上的光电接收靶,当掘进机向前推进时,方向如果偏离了指向仪发出的激光束,则光电接收靶会自动指出偏移方向及偏移值,为掘进机提供自动控制的信息。

4. 贯通测量

采用两个或多个相向或同向的掘进工作面分段掘进隧道,使其按设计要求在预定地点彼此接合,称为隧道贯通。为实施贯通工程而专门进行的测量工作,称为贯通测量。隧道贯通工程的质量对公路建设有着重大影响,因此必须按相关规范规定执行,认真进行设计和精心组织施工。

5. 隧道竣工测量

隧道工程竣工后,为了检查工程是否符合设计要求,并为设备安装和运营管理提供信息,需要进行竣工测量,绘制竣工图。隧道竣工后,还要进行纵断面测量和横断面测量。纵断面应沿中线方向测定底板和拱顶高程,每隔 10～20m 测一点,并与在图上描绘设计的坡度线进行比较。直线隧道每隔 10m、曲线隧道每隔 5m 测一个横断面。横断面观测可采用直角坐标法或极坐标法。

第八章　地形图测绘

第一节　地形图的基本知识

一、概述

地图按其内容可以分为普通地图和专题地图两大类。专题地图是根据专业方面的需要，突出反映一种或几种主题要素或现象的地图，例如地质图、航海图、人口图。普通地图是以相对平衡的详细程度表示地面各种自然或社会经济现象。普通地图按其比例尺和表示内容的详细程度，可分为地形图和地理图两类。

地面上各种天然或人工构筑的固定物体，称为地物，如河流、湖泊、房屋、道路等；地球表面各种高低起伏的形态，称为地貌，如平原、盆地、丘陵和高山。地物和地貌统称为地形。地形图是指按一定的比例，用规定的符号表示地物和地貌及其他地理要素的平面位置和高程的正形投影图。它详细而精确地表示地面各要素，突出表现具有经济、文化、军事意义的地物，是国家各项建设的基础资料，广泛用于经济建设、国防建设和科学文化教育等方面。地形图的内容较丰富，本节主要介绍地形图的比例尺、分幅与编号、地物符号与地貌符号。

二、地形图的比例尺及比例尺精度

1. 地形图的比例尺

地形图上两点的直线的长度与其地面上相应的两点间的实际水平距离之比，称为地形图的比例尺。地形图比例尺有数字比例尺和图示比例尺两种表示方法。

(1) 数字比例尺

数字比例尺一般用分子为1，分母为整数的分数表示。设图上一段直线长度为 d，相应实地的水平长度为 D，则该图的比例尺为

$$\frac{1}{M} = \frac{d}{D} = \frac{1}{D/d}$$

（2）图示比例尺

为了用图方便及减少由于图纸伸缩而引起的误差，在绘制地形图时常在图上绘制图示比例尺，如图 8-1 所示。常用的图示比例尺为直线比例尺，图中表示的为 1：1000 的直线比例尺，取 2cm 为基本单位，从直线比例尺上直接量得基本单位的 1/10，估读到 1/100。

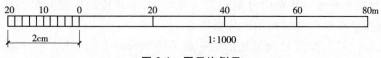

图 8-1　图示比例尺

地形图的比例尺应根据工程性质、规模大小，使用要求来选择，以满足使用要求为基本条件。一般规划设计用图选用 1：5000 比例尺，初步设计用图选用 1：2000 比例尺，施工设计用图选用 1：1000、1：500 比例尺，施工现场小面积局部测图亦可选用 1：200 比例尺。测图用纸应选用变形小，不易出现皱折的亚光纸，有条件者应选用厚度为 0.07～0.1mm、伸缩率为 0.04％的聚酯薄膜（现专业测绘单位均用此材料）。

2. 比例尺的精度

（1）基本概念。人们用肉眼能分辨的图上最小长度为 0.1mm，因此在图上量度或实地测图描绘时，一般只能达到图上 0.1mm 的精确性。我们把图上 0.1mm 所代表的实际水平长度称为比例尺精度。

比例尺精度的概念，对测绘地形图和使用地形图都有重要的意义。在测绘地形图时，要根据测图比例尺确定合理的测图精度。例如在测绘 1：500 比例尺地形图时，实地量距只需取 5cm，因为即使量得再细，在图上也无法表示出来。在进行规划设计时，要根据用图的精度确定合适的测图比例尺。例如基本工程建设，要求在图上能反映地面上 10cm 的水平距离精度，则采用的比例尺不应小于 1/1000。

表 8-1 为不同比例尺的比例尺精度，可见比例尺越大，其比例尺精度就越高，表示的地物和地貌越详细，但是一幅图所能包含的实地面积也越小，而且测绘工作量及测图成本会成倍地增加。因此，采用何种比例尺测图，应从规划、施工实际需要的精度出发，不应盲目追求更大比例尺的地形图。

表 8-1　不同比例尺的比例尺精度

比例尺	1：500	1：1000	1：2000	1：5000
比例尺精度（m）	0.05	0.10	0.20	0.50

（2）基本作用。根据比例尺精度，有两件事可参考决定。

1）按工作需要，多大的地物须在图上表示出来或测量地物要求精确到什么程度,由此可参考决定测图的比例尺。

2)当测图比例尺已决定之后,可以推算出测量地物时应精确到什么程度。

三、地形图的分幅和编号

为了便于测绘、管理和使用地形图,需要将大面积的各种比例尺地形图进行统一的分幅和编号。地形图分幅的方法有两种:一是按经纬度分幅的梯形分幅法,二是按坐标格网分幅的矩形分幅法。

1:500~1:2000比例尺地形图一般采用50cm×50cm正方形分幅或40cm×50cm矩形分幅。根据需要,也可采用其他规格的分幅,1:2000地形图也可采用经纬度统一分幅。

大比例地形图的编号一般采用图廓西南角坐标公里数编号法,也可采用流水编号法,如图8-2所示,或行列编号法,如图8-3所示。

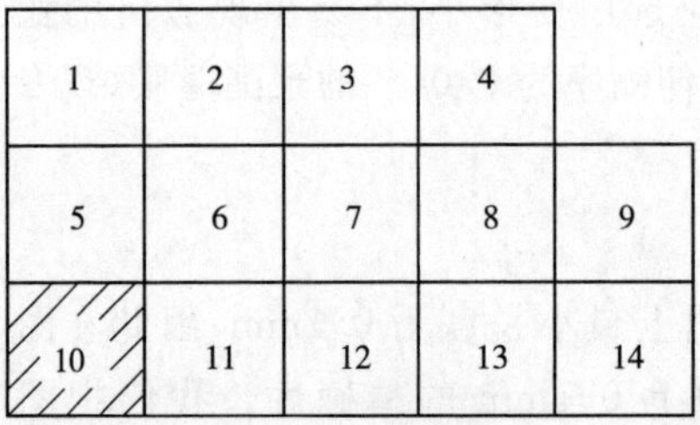

1	2	3	4	
5	6	7	8	9
10	11	12	13	14

图8-2 流水编号法

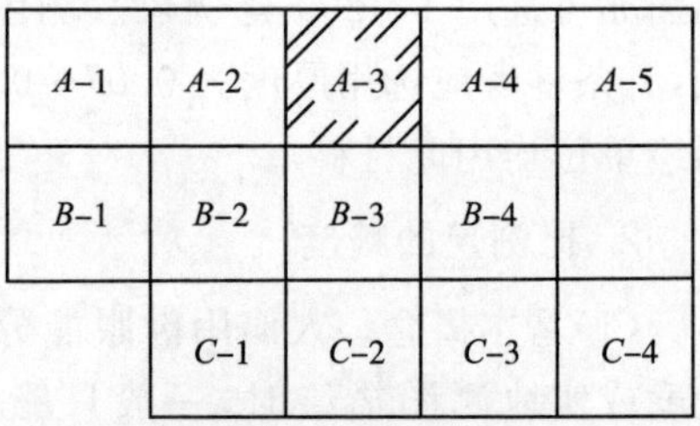

A-1	A-2	A-3	A-4	A-5
B-1	B-2	B-3	B-4	
	C-1	C-2	C-3	C-4

图8-3 行列编号法

四、地形图的符号

1. 地物符号

地形图上表示各种地物的形状、大小和它们位置的符号,叫地物符号,如测量控制点,居民地,独立地物、管线及道路、水系和植被等。根据地物的形状大小和描绘方法的不同,地物符号可以分为下列几种。

(1)依比例尺绘制的符号

地物的平面轮廓,依地形图比例尺缩绘到图上的符号,称为依比例尺绘制的符号,如房屋、湖泊、农田、森林等。依比例符号绘制不仅能反映出地物的平面位置,而且能反映出地物的形状与大小。

(2)不依比例尺绘制的符号

有些重要地物其轮廓较小,按测图比例尺缩小在图上无法表示出来,而用规定的符号表示它,这种符号为不依比例尺绘制的符号,如三角点、水准点、独立树、电杆、水塔等。不依比例尺绘制的符号只表示物体的中心或中线的平面位置,不表示物体的形状与大小。

（3）半依比例尺绘制的符号

对于一些狭长地物，如管线、围墙、通信线路等，其长度依测图比例尺表示，其宽度不依比例尺表示的符号，即为半依比例尺绘制的符号。

这几种符号的使用界限不是固定不变的。同一地物，在大比例尺图上采用依比例符号，而在中、小比例尺图上可能采用不依比例符号或半依比例符号。

（4）地物注记

地形图上用文字、数字或特定符号对地物的性质、名称、高程等加以说明，称为地物注记，如图上注明的地名、控制点名称、高程、房屋的层数、机关名称、河流的深度、流向等。

2. 地貌符号

在地形图上表示地貌的方法很多，而在测量工作中常用等高线表示。用等高线表示地貌不仅能表示出地面的起伏形态，而且可以根据它求得地面的坡度和高程等，所以它是目前大比例尺地形图上表示地貌的一种基本方法。下面介绍用等高线表示地貌的方法和等高线的特征。

（1）等高线

等高线是地面上高程相等的各相邻点所连成的闭合曲线。如图 8-4 所示，设有一高地被等间距的水平面 P_1、P_2、P_3 所截，则各水平面与高地的相应的截线，即等高线。将各水平面上的等高线沿铅垂方向投影到一个水平面 M 上，并按规定的比例尺缩绘到图纸上，就得到用等高线表示的该高地的地貌图。很明显，这些等高线的形状是由高地表面形状来决定的。

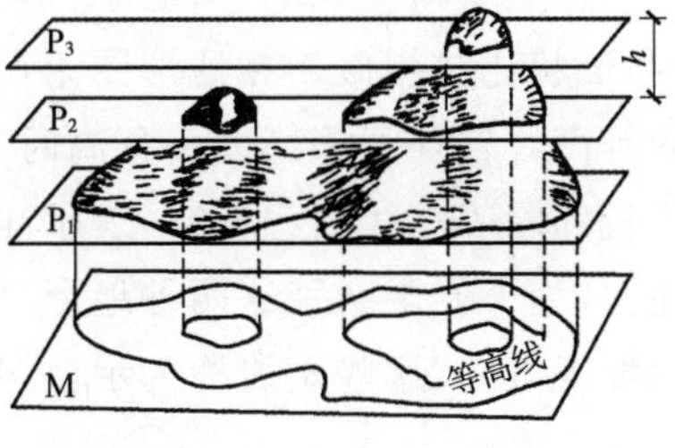

图 8-4　等高线

（2）等高距和等高线平距

地形图上相邻等高线的高差，称为等高距，亦称等高线间隔，用 h 表示。在同一幅地形图内，等高距是相同的。等高距的大小是根据地形图的比例尺，地面起伏情况及用图的目的而选定的。

相邻等高线间的水平距离，称为等高线平距，常以 d 表示。因为同一张地形图中等高距是相同的，所以等高线平距 d 的大小是由地面坡度陡缓决定的。如图 8-5 所示，地面上 CD 段的坡度大于 BC 段，其等高线平距 cd 小于 bc；相反，地面上 CD 段的坡度小于 AB 段，其等高线平距 cd 大于 AB 段的相邻等高线平距。由此可见，地面坡度愈陡，等高线平距愈小；相反，坡度愈缓，等高线平距愈大，若地面坡度均匀，则等高线平距相等。

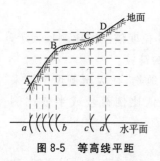

图 8-5 等高线平距

（3）等高线分类

为了更好地表示地貌的特征，便于识图用图，地形图主要采用下列四种等高线。

1）首曲线。在地形图上，按规定的基本等高距测定的等高线，称为首曲线，亦称基本等高线。

2）计曲线。为了方便计算高程，每隔四条首曲线（每 5 倍基本等高距）加粗描绘一条等高线，称为计曲线，亦称加粗等高线。

3）间曲线。当首曲线不足以显示局部地貌特征时，按二分之一基本等高距测绘的等高线，称为间曲线，亦称半距等高线，常以长虚线表示，描绘时可不闭合。

4）助曲线。当首曲线和间曲线仍不足以显示局部地貌特征时，按四分之一基本等高距测绘的等高线，称为助曲线，亦称辅助等高线。一般用短虚线表示，描绘时也可不闭合。

（4）几种典型地貌的等高线

自然地貌的形态虽是多种多样的，但可归结为几种典型地貌的综合。了解和熟悉这些典型地貌等高线的特征，有助于识读、应用和测绘地形图。

1）山头与洼地的等高线。山头和洼地的等高线都是一组闭合的曲线组成的，形状比较相似。在地形图上区分它们的方法是看等高线上所注的高程。内圈等高线较外圈等高线高程高时，表示山头，如图 8-6（a）所示。相反，内圈等高线较外圈等高线高程低时，表示洼地，如图 8-6（b）所示；如果等高线上没有高程注记，为了便于区别这两种地形，就在某些等高线的斜坡下降方向绘一短线来表示坡度方向，这些短线称为示坡线。

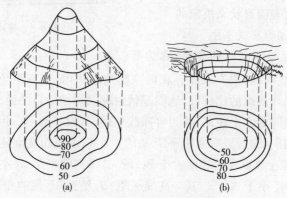

图 8-6 山头与洼地的等高线

（a）山头等高线；（b）洼地等高线

2)山脊与山谷的等高线。山顶向山脚延伸的凸起部分,称为山脊。山脊的等高线是一组凸向低处的曲线。两山脊之间向一个方向延伸的低凹部分叫山谷。山谷的等高线是一组凸向高处的曲线,如图 8-7 所示。

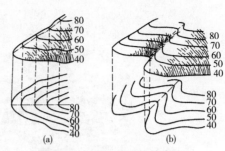

图 8-7　山脊与山谷的等高线

(a)山脊的等高线;(b)山谷的等高线

山脊和山谷等高线的疏密,反映了山脊,山谷纵断面的起伏情况,而它们的尖圆或宽窄则反映了山脊、山谷的横断面形状。山地地貌显示是否真实、形象、逼真,主要看山脊线与山谷线表达得是否正确。山脊线与山谷线是表示地貌特征的线,所以又称为地性线。地性线构成山地地貌的骨架,它在测图、识图和用图中具有重要的意义。

3)鞍部的等高线。鞍部就是相邻两山头之间呈马鞍形的低凹部位,如图 8-8 所示。鞍部(S 点处)是两个山脊与两个山谷会合的地方,鞍部等高线的特点是在一圈大的闭合曲线内,套有两组小的闭合曲线。

4)陡崖和悬崖。陡崖是坡度在 $70°\sim90°$ 的陡峭崖壁,有石质和土质之分。若用等高线表示将非常密集或重合为一条线,因此采用陡崖符号来表示,如图 8-9(a)所示。

悬崖是上部突出,下部凹进的陡崖。上部的等高线投影在水平面时,与下部的等高线相交,下部凹进的等高线用虚线表示,如图 8-9(b)所示。

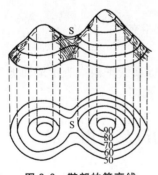

图 8-8　鞍部的等高线

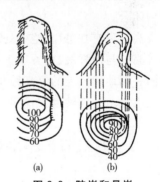

图 8-9　陡崖和悬崖

(a)陡崖;(b)悬崖

还有某些特殊地貌,如冲沟、滑坡等,其表示方法参见地形图图式。

了解和掌握了典型地貌等高线,就可以读懂综合地貌的等高线图了。图 8-10 是一幅非常典型的综合地貌图,把实际地貌[图 8-10(a)]和等高线图[图 8-10(b)]对比研读,就基本可以理解等高线表示地貌的精髓了。

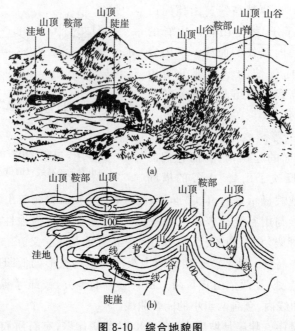

图 8-10　综合地貌图

(a)实际地貌图;(b)等高线图

(5)等高线的特性

1)同一条等高线上各点的高程相等。

2)等高线为闭合曲线,不能中断,如果不在本幅图内闭合,则必在相邻的其他图幅内闭合。

3)等高线只有在悬崖、绝壁处才能重合或相交。

4)等高线与山脊线、山谷线正交。

5)同一幅地形图上的等高距相同,因此,等高线平距大表示地面坡度小;等高线平距小表示地面坡度大;平距相同则坡度相同。

第二节　小平板仪的构造及使用方法

一、小平板仪的构造

平板仪分大平板仪和小平板仪两种,本节仅介绍小平板仪的构造。

小平板仪构造比较简单,见图 8-11,它主要由测图板、照准仪和三脚架组成。附件有对点器和罗盘仪(指北针)。

测图板和三脚架的连接方式大都为球窝接头。在金属三脚架头上有个碗状球窝，球窝内嵌入一个具有同样半径的金属半球，半球中心有连接螺栓，图板通过连接螺栓固定在三脚架上。基座上有调平和制动两个螺旋，放松调平螺旋，图板可在三脚架上任意方向倾、仰，从而可将图板置平。拧紧调平螺旋，图板不能倾仰，可绕竖轴水平旋转。当拧紧制动螺旋时，图板固定。

照准仪是用来照准目标，并在图纸上标出方向线和点位的主要工具，构造如图8-12。它是一个带有比例尺刻画的直尺，尺的一端装有带观测孔的觇板，另一端觇板上开一长方形洞口，洞中央装一细竖线，由观测孔和细竖线构成一个照准面，供照准目标用。在直尺中部装一个水准管，供调平图板用。

图 8-11　小平板仪

1-测图板；2-照准仪；3-三脚架；

4-对点器；5-罗盘仪（指北针盒）

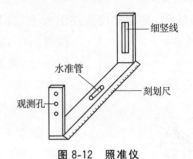

图 8-12　照准仪

对点器由金属架和线坠组成，借助对点器可将图上的站点与地面上的站点置于同一铅垂线上。长盒指北针是用来确定图板方向的。

二、平板仪测图原理

如图8-13，地面上有 A、O、B 三点，在 O 点上水平安置图板，钉上图纸。利用对点器将地面上 O 点沿铅垂方向投影到图纸上，定出 o 点，将照准仪测孔端尺边贴于 o 点，以 o 点为轴（可去掉对点器，在 o 点插一大头针）平转照准仪，通过观测孔和竖线观测目标 A，当照准仪竖线与目标 A 重合时，在图纸上沿尺边过 o 点画出 OA 方向线，再量出 OA 两点地面的水平距离，按比例尺在方向线上标出 oa 线段，oa 直线就是地面上 OA 直线在图纸上的缩绘。

再转动照准仪观测 B 点，当目标 B 与照准仪竖线重合时，沿尺边画出 OB 方向线，量出 OB 两点距离，按比例在方向线上

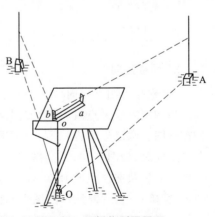

图 8-13　平板仪测图原理

标出 *ab* 线段。则图上 *aob* 三点组成的图形和地面上 AOB 三点的图形相似,这就是平板仪测图的原理。

按同样方法,可在图上测出所有点的位置,如果把所有相关点连成图形,就绘出了所要测的平面图。再测出各点高程,标在图上,就形成了既有点的平面,又有点的高程的地形图。

三、平板仪的使用

1. 图板调平

方法是:将照准仪放在图板上,放松调平螺旋,倾、仰图板,让照准仪上水准管居中,将照准仪调转 90°,再调整图板,让水准管居中,直到照准仪放置在任何方向的气泡皆居中为止。

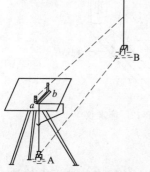

图 8-14 对点和直线定向

2. 对点

如图 8-14 所示,对点就是让图纸上的站点 *a* 和地面上站点 A 位于同一铅垂线上,对点时将对点器臂尖对准 *a* 点,然后移动三脚架让线坠尖对准地面上的 A 点。对点误差限值与测图比例尺有关,一般不超过比例尺分母的 5‰,见表 8-2。

表 8-2 不同测图比例尺的对点允许误差

测图比例尺	对点允许误差(mm)	对点方法
1∶500	25	对点器对点
1∶1000	50	对点器对点
1∶2000	100	目估对点
1∶5000	250	目估对点

3. 图板定向

(1)根据控制点定向

当测区有控制点时,要把控制点(图根点)展绘在测图图纸上。展绘方法是先在测图上画出坐标方格网,然后根据控制点或图根点坐标,逐点展绘在图纸上。定向时,如图 8-14,把照准仪尺边贴于 *ab* 直线上,将图板安在 A 点上,大致对点。通过照准仪照准 B 点,使 *ab* 展点和 AB 测点在一个竖直面内。然后平移图板,精确对点,这时测出的图形和已知坐标系统相一致。

(2)根据测区图形定向(适于测图第一站)

先根据测区的长、宽,把测区图形大略地规划在图纸上,然后转动图板,使图纸上规划图形与地面图形方向一致,以便使整个测区能匀称地布置在图幅上。

(3)根据测站点定向

图 8-14 中 A、B 是地面测站点,欲在图上测出 ab 直线方向和 b 点位置。方法是:在 A 点安置图板,调平、对点,把照准仪尺边贴于 a 点,以 a 点为轴转动照准仪照准 B 点,然后沿尺边画出 ab 方向线,标出 b 点。因为图上 ab 点和地面上 AB 点对应关系已确定,所以图面方向已确定。此法主要用于转站测量或增设图根点。

(4)利用指北针定向

利用指北针定向有两种情况。

1)当对测图有方向要求时,应将指北针盒长边紧贴于图边框左或右边上,平转图板,使磁针北端指向零点,然后固定图板。布图时要考虑上北下南的阅图方法,这时图面坐标系统为磁子午线方向。

2)当图面为任意方向,需要在图上标出方向时,可将指北针盒放在图的右上角,然后平转指北针盒。当磁针北端指向零点时,沿指北针盒边画一直线,在磁针北端标出指北方向,这时指北方向为磁北方向。

第三节　测绘的基本方法

一、碎部点平面位置的测绘方法

1. 极坐标法

如图 8-15 所示,测定测站点至碎部点方向和测站点至后视点(另一个控制点)方向间的水平角 β,测定测站至碎部点的距离 D,便能确定碎部点的平面位置。这就是极坐标法。极坐标法是碎部测量最基本的方法。

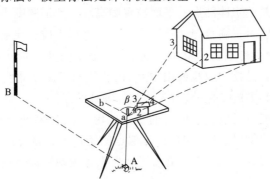

图 8-15　极坐标法测量碎部点的平面位置

2. 方向交会法

如图 8-16 所示,测定测站 A 至碎部点方向和测站 A 至后视点 B 方向间的水平角 β_1,测定测站 B 至碎部点方向和测站 B 至后视点 A 方向间的水平角 β_2,便能确定碎部点的平面位置。这就是方向交会法。当碎部点距测站较远,或遇河流、水田及其他情况等人员不便达到时,可用此法。

3. 距离交会法

如图 8-17 所示,测定已知点 1 至碎部点 M 的距离 D_1、已知点 2 至 M 的距离 D_2,便能确定碎部点 M 的平面位置。这就是距离交会法。此处已知点不一定是测站点,可能是已测定出平面位置的碎部点。

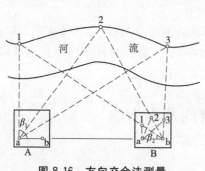

图 8-16　方向交会法测量
碎部点的平面位置

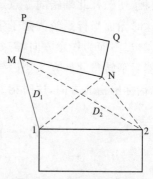

图 8-17　距离交会法测量
碎部点的平面位置

二、经纬仪测绘

1. 碎部点的采集

碎部测量就是测定碎部点的平面位置和高程。地形图的质量在很大程度上取决于司尺人员能否正确合理地选择地形点。地形点应选在地物或地貌的特征点上,地物特征点就是地物轮廓的转折、交叉等变化处的点及独立地物的中心点。地貌特征点就是控制地貌的山脊线、山谷线和倾斜变化线等地性线上的最高、最低点,坡度和方向变化处、山头和鞍部等处的点。

地形点的密度主要取决于地形的复杂程度,也取决于测图比例尺和测图的目的。测绘不同比例尺的地形图,对碎部点间距以及碎部点距测站的最远距离有不同的限制。表 8-3 和表 8-4 给出了地形点最大间距以及视距测量方法测量距离时的最大视距的允许值。

表 8-3　地形点最大间距和最大视距(一般地区)

测图比例尺	地形点最大间距(m)	最大视距(m)	
		主要地物特征点	次要地物特征点
1∶500	15	60	100
1∶1000	30	100	150
1∶2000	50	130	250
1∶5000	100	300	350

表 8-4　地形点最大间距和最大视距(城镇建筑区)

测图比例尺	地形点最大间距(m)	最大视距(m)	
		主要地物特征点	次要地物特征点
1∶500	15	50	710
1∶1000	30	80	120
1∶2000	50	120	200

2. 测站的测绘工作

经纬仪测绘法的实质是极坐标法。先将经纬仪安置在测站上,绘图板安置于测站旁边。用经纬仪测定碎部点方向与已知方向之间的水平角,并以视距测量方法测定测站点至碎部点的距离和碎部点的高程。然后根据数据用半圆仪和比例尺把碎部点的平面位置展绘于图纸上,并在点的右侧注记高程,对照实地勾绘地形。全站仪代替经纬仪测绘地形图的方法,称为全站仪测绘法。其测绘步骤和过程与经纬仪法类似。

经纬仪测绘法测图操作简单、灵活,适用于各种类型的测区。以下介绍经纬仪测绘法一个测站的测绘工作程序。

(1)安置仪器和图板。将经纬仪安置于测站点(控制点)上,进行对中和整平。量取仪器高 i,测量竖盘指标差 x。记录员在碎部测量手簿中记录,包括表头的其他内容。绘图员在测站旁边安置好图板并准备好图纸,在图上相应点的位置设置好半圆仪。

(2)定向。经纬仪置于盘左的位置,照准另外一已知控制点以作为后视方向,置水平度盘 $0°00'00''$。绘图员在图上同名方向上画一短直线,短直线过半圆仪的半径,作为半圆仪读数的基准线。

(3)立尺。司尺员依次将视距尺立在地物、地貌特征点上。立尺时,司尺员应弄清实测范围和实地概略情况,选定立尺点,并与观测员、绘图员共同商定跑尺路线。

（4）观测。观测员照准视距尺，读取水平角、视距、中丝读数和竖盘垂直角读数。

（5）计算、记录。记录员使用计算器根据视距测量计算式编辑程序，依据视距、中丝读数、竖盘读数和竖盘指标差 x、仪器高 i、测站高程，计算出平距和高程，报给绘图员。对于有特殊作用的碎部点，如房角、山头、鞍部等，应记录并加以说明。

（6）展绘碎部点。绘图员根据观测员读出的水平角，转动半圆仪，将半圆仪上等于所读水平角值的刻画线对准基准线，此时半圆仪零刻画方向即为该碎部点的图上方向。根据计算出来的平距和高程，依照绘图比例尺在图上定出碎部点的位置，用铅笔在图上点示，并在点的右侧注记高程。同时，应将有关地形点连接起来，并注意检查测点是否有错。

（7）测站检查。为了保证测图正确、顺利地进行，必须在新测站工作开始时进行测站检查。检查方法是在新测站上测量已测过的地形点，检查重复点精度在限差内即可。否则，应检查测站点是否展错。此外，在工作中间和结束前，观测员可利用时间间隙照准后视点进行归零检查，归零差应不大于 $4'$。在测站工作结束时，应检查确认本站的地物、地貌没有错测和漏测的部分，把一站工作清理完成后方可搬至下站。

测图时还应注意，一个测区往往是分成若干幅图在进行测量，为了和相邻图幅拼接，本幅图应向图廓以外多测 5mm。

三、小平板仪测图

小平板仪量距测图是利用照准仪测定方向，用尺丈量距离相结合的测图方法，适于地形平坦、范围较小、便于量尺和精度要求较高的测区。

测图方法如图 8-18 所示。将仪器安置在测站上，定向、对点、调平。

用照准仪照准 1 点，在图上标出 1 点方向线，实量 1 点至测站的距离，按测图比例在方向线上标出 1 点位置。

用同法依一定顺序（一般按逆时针方向）依次测出图上 1、2、…、9 点。测点要选择地物有代表性的特征点，如房屋拐角、道路中线、交叉路口、电杆以及地形变化的地方。凡在图上能表示图形变化的部位都应设测点。

如果操作熟练可不画方向线，直接在图上标出点位，以保持图面规则、干净。量距读数误差不应超过测图比例尺分母的 5‰，即图上 0.05mm 的长度。

然后将相关点连成线，如图中 5、6、7 点连线为房屋外轮廓线，1、4、9 点连线为输电线路，2、8 点连线为道路中线，3 点为树的单一地物。

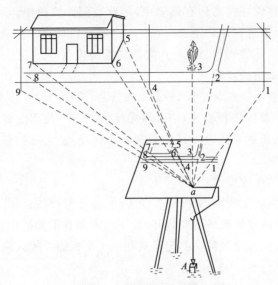

图 8-18　测图的基本方法

对于测站不能直接测定的地物点,如房屋背面,可实地丈量,然后根据该点与其他相邻点的对应位置,按比例画在图上,便可画出完整的图形,如图中虚线部分。

由于受测量误差和描图误差的影响,测绘到图纸上的图形与实际可能不符,例如把矩形变成菱形,地面上是直线测出来的却是折线等。因此,在测绘过程中要注意测量精度,对密切相关的相邻点还要实际量距,用实量距离改正图上的点位,以便使测图与实际相符。

四、数字化测图

1. 数字化测图的概念

数字化测图是指以电子计算机为核心,在外连输入、输出硬件设备和软件的支持下,对地形和地物空间数据进行采集、输入、成图、绘图、输出、管理的测绘方法。本节简要介绍利用电子全站仪在野外进行数据采集,并用相关的绘图软件绘制大比例尺地形图的过程。

2. 数字化测图的作业流程

数字化测图可分为数据采集、数据处理和地图数据的输出三个阶段。

(1)野外数据采集

1)野外数据采集的原理

野外采集数据是通过全站仪实地测定地形特征点的平面位置和高程,将这些点位信息自动存储在仪器内存储器中,再传输到计算机中。若野外使用便携机,可直接将点位信息存储到便携机。每一个地形特征点的记录内容包括点号、平面坐标、高程、属性编码和与其他点之间的连接关系等。

2)野外数据采集的步骤

首先在已知点上安置全站仪,并量取仪器高;然后启动操作全站仪和电子手簿,对仪器的有关参数进行设置,如外界温度、大气压、使用的棱镜常数、仪器的比例误差系数等;最后调用全站仪中数据采集程序,输入测站点、后视点信息开始碎部点数据采集。

3)数字测图的作业模式

作业模式是数字化测图内、外业作业方法、作业流程的总称。由于软件设计者思路不同,使用的仪器设备不同,测绘数字地形图有不同的作业模式。就地面数字测图来说,目前可分为数字测记模式和电子平板测绘模式两种。

①测记模式

数字测记模式是一种野外数据采集、室内成图的作业方法,全站仪数字测记模式是目前最常用的测记式数字测图作业模式,为绝大多数软件所支持。该模式是用全站仪实地测定地形点三维坐标,并用内存储器自动记录观测数据,到室内将采集数据传输给计算机,由室内人工编辑成图或自动绘图。

②电子平板测绘模式

电子平板测绘模式就是全站仪、便携机、相应测图软件实施的外业测图模式。这种模式用便携机(笔记本电脑)的屏幕模拟测板在野外直接测图,即把全站仪测定的碎部点实时地展绘在计算机屏幕(模拟测板)上,用软件的绘图功能边测边绘。这种模式现场完成绝大部分测图工作,实现数据采集、数据处理、图形编辑现场同步完成,外业工作完成,图也就基本绘成了,实现了内外业一体化。

③无码作业

无码作业就是用全站仪测定碎部点的定位信息(X_i, Y_i, Z_i),并自动记录于电子手簿或内存储器,手工记录碎部点的属性信息与连接信息。无码作业无需向仪器输入地物点的属性信息和连接关系,而用草图或笔记记录绘图信息。测图员在测站把所测点的属性及连接关系在草图上反映出来,供内业处理、图形编辑时用。草图示例如图 8-19 所示,图中为某测区在测站 1 上施测的部分点。

④简码作业

使用简码作业数据采集时,现场对照实地输入野外操作码。图 8-20 中点号旁的括号内容为每个采集点输入的操作码。

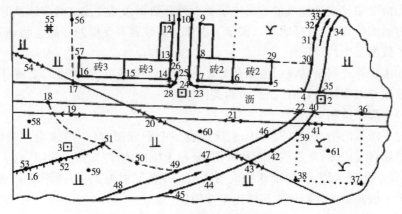

图 8-19 野外数据采集草图

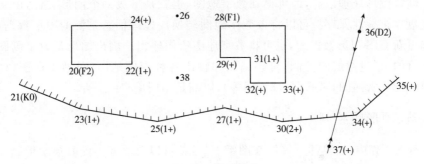

图 8-20 简码输入

（2）数据处理

数据处理是指在数据采集以后到图形输出之前对图形数据的各种处理。数据处理主要包括建立地图符号库、数据预处理、数据转换、数据计算、图形生成及文字注记、图形编辑与整饰、图形裁剪、图形接边、图形信息的管理与应用等。数字测图的内业必须借助专业的数字测图软件才能完成。目前，国内市场上技术比较成熟的数字测图软件有很多，本节主要介绍南方测绘仪器公司的成图系统。

CASS 地形成图软件是我国南方测绘仪器公司开发的基于 AutoCAD 平台的数字测图系统，它具有完备的数据采集、数据处理、图形生成、图形编辑、图形输出等功能，能方便灵活地完成数字测图工作。

1）数据传输

在进行数据传输前，首先应熟悉全站仪的通信参数，以便在传输数据过程中人机对话选择正确的参数。然后选择正确的通信电缆将全站仪与计算机连接，即可进行计算机与全站仪间的数据传输。

①由全站仪到计算机的数据传输每次外业数据采集完成之后应该及时地将数据传输到计算机,这样既可以保证下次作业时仪器有足够的存储空间,同时也降低了数据丢失的可能性。

②由计算机到全站仪的数据传输在实际作业过程中,有时也需要将计算机上的数据导入全站仪,如控制点坐标文件。

2)平面图绘制

对于图形的生成,CASS2008 系统提供了七种成图方法:简编码自动成图、编码引导自动成图、测点点号定位成图、坐标定位成图、测图精灵测图、电子平板测图、数字化仪成图,其中前四种成图法适用于测记式测图法;测图精灵测图法和电子平板测图法在野外直接绘出平面图。

(3)图形输出

经过图形处理以后,即可得到数字地图,也就是形成一个图形文件,由磁盘或光盘作永久性保存。可以将该数字地图转换成地理信息系统的图形数据,建立和更新 GIS 图形数据库,也可将数字地图绘图输出。输出图形是数字测图的主要目的,通过对层的控制,可以编制和输出各种专题地图(包括平面图、地籍图、地形图、管网图、带状图、规划图等),以满足不同用户的需要。

五、地形图绘制

外业工作中,当碎部点展绘在图纸上后,就可以对照实地随时描绘地物和等高线。

1. 地物描绘

地物应按地形图图式规定的符号表示。房屋轮廓应用直线连接,而道路、河流的弯曲部分应逐点连成光滑曲线。不能依比例描绘的地物,应按规定的非比例符号表示。

2. 等高线的勾绘

勾绘等高线时,首先用铅笔轻轻描绘出山脊线、山谷线等地性线,再根据碎部点的高程勾绘等高线。不能用等高线表示的地貌,如悬崖、陡崖、土堆、冲沟、雨裂等,应按图式规定的符号表示。

由于碎部点是选在地面坡度变化处,因此相邻点之间可视为均匀坡度,这样可在两相邻碎部点的连线上,按平距与高差成比例的关系,内插出两点间各条等高线通过的位置。如图 8-21(a)所示,地面上两碎部点 C 和 A 的高程分别为202.8m 及 207.4m,若取基本等高距为 1m,则其间有高程为 203m、204m、205m、206m 及 207m 等五条等高线通过。根据平距与高差成正比的原理,先目估定出高程为 203m 的 m 点和高程为 207m 的 q 点,然后将 mq 的距离四等分,定出高程为 204m、205m、206m 的 n、o、p 点。同法定出其他相邻两碎部点间等高线应通过的位置。将高程相等的相邻点连成光滑的曲线,即为等高线,结果如图 8-21(b)所示。

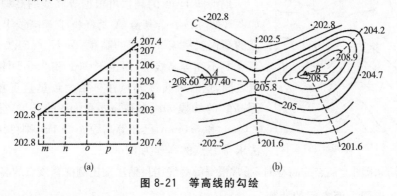

图 8-21　等高线的勾绘

勾绘等高线时,应对照实地情况,先画计曲线,后画首曲线,并注意等高线通过山脊线、山谷线的走向。

第四节　地形图的应用

一、地形图应用的基本内容

1. 求图上某点的坐标

大比例尺地形图上画有 10cm×10cm 的坐标方格网,并在图廓的西、南边上注有方格的纵、横坐标值,如图 8-22 所示。根据图上坐标方格网的坐标可以确定图上某点的坐标。例如欲求图上 A 点的坐标,首先根据图上坐标注记和 A 点的图上位置,绘出坐标方格 abcd,过 A 点作坐标方格网的平行线 pq、fg 与坐标方格相交于 p、q、f、g 四点,再按地形图比例尺(1∶1000)量出 af＝60.8m,ap＝48.8m,则 A 点的坐标为

$$X_A = X_a + af = 2100 + 60.7 = 2160.8m$$

$$Y_A = Y_a + ap = 1100 + 48.6 = 1148.8m$$

实际求解坐标时要考虑图纸伸缩的影响,根据量出坐标方格的长度并和理论值比较得出图纸伸缩系数,进行改正。既保证坐标值更精

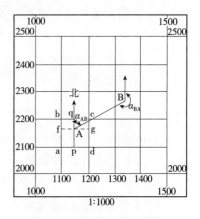

图 8-22　求某点 A 的坐标

确,又起到校核量测结果的作用。

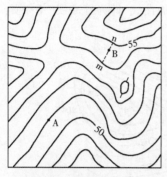

图 8-23　求某点 A 的高程

2. 求图上某点的高程

地形图上,点的高程可根据等高线的高程求得。如图 8-23 所示,若某点 A 正好位于等高线上,则 A 点的高程就是该等高线的高程,即 $H_A = 51.0$ m。若某点 B 不在等高线上,而位于 54m 和 55m 两根等高线之间,这时可通过 B 点作一条大致垂直于相邻两等高线的线段 mn,量取 mn 和 mB 的长度,分别为 9.0mm 和 6.0mm,已知等高距 h 为 1m,则可用内插法求得 B 点的高程为 54.66m。

实际求图上某点的高程时,通常根据等高线用目估法按比例推算该点的高程。

3. 求图上两点间的距离

求图上两点间的水平距离有两种方法。

(1)根据两点的坐标求水平距离

先在图上求出两点的坐标,再按坐标反算公式算出两点间的水平距离。例如图 8-22 中,要求 AB 两点的水平距离,可以先在图上求出 A、B 两点的坐标值 x_A、y_A 和 x_B、y_B,然后按式(8-1)反算 AB 的水平距离 D_{AB},即

$$D_{AB} = \sqrt{(x_B - x_A)^2 + (y_B - y_A)^2} \tag{8-1}$$

(2)在地形图上直接量距

用两脚规在图上直接卡出 A、B 两点的长度,再与地形图上的直线比例尺比较,即可得出 AB 的水平距离。当精度要求不高时,可用比例尺(三棱尺)直接在图上量取。

4. 求图上某直线的坐标方位角

如图 8-22 所示,要求图上直线 AB 的坐标方位角,可以根据已经求出的或已知的 A、B 两点的坐标值 x_A、y_A 和 x_B、y_B,按式(8-2)坐标反算公式计算直线 AB 的坐标方位角,即

$$\alpha_{AB} = \arctan \frac{y_B - y_A}{x_B - x_A} = \arctan \frac{\Delta y_{AB}}{\Delta x_{AB}} \tag{8-2}$$

当使用电子计算器或三角函数表计算时,要根据两点坐标差值的正负符号确定坐标方位角所在的象限。

在精度要求不高时,可用图解法或用量角器在图上直接量取坐标方位角。

5. 求图上某直线的坡度

在地形图上求得直线的长度以及两端点的高程后,则可按式(8-3)计算该直

线的平均坡度,即

$$i = \frac{h}{d \cdot M} = \frac{h}{D} \tag{8-3}$$

式中:d——图上量得的长度;

　　M——地形图的比例尺分母;

　　h——直线两端点间的高差;

　　D——该直线的实地水平距离。

坡度通常用千分率(‰)或百分率(%)的形式表示。"+"为上坡,"-"为下坡。

若直线两端点位于相邻等高线上,则求得的坡度,可认为符合实际坡度。假如直线较长,中间通过许多条等高线,且等高线的平距不等,则所求的坡度,只是该直线两端点间的平均坡度。

6. 量测图形面积

在工程建设和规划设计中,常常需要在地形图上量测一定轮廓范围内的面积。量测面积的方法比较多,以下为常用的几种方法:

(1)坐标计算法

如图 8-24 所示,对多边形进行面积量算时,可在图上确定多边形各顶点的坐标(或以其他方法测得),直接用坐标计算面积。

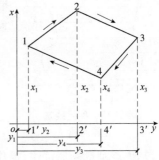

图 8-24　坐标计算法计算面积

根据图形对面积计算的推导,可以得出当图形为 n 边形时的面积计算的一般形式为

$$A = \frac{1}{2} \sum_{i=1}^{n} x_i (y_{i+1} - y_{i-1}) \tag{8-4}$$

若多边形各顶点投影于 y 轴,则有

$$A = \frac{1}{2} \sum_{i=1}^{n} y_i (x_{i+1} - x_{i-1}) \tag{8-5}$$

式中:n 为多边形边数。当 $i=1$ 时,y_i-1 和 x_i-1 分别用 y_n 和 x_n 代入。

可用两公式算出的结果互作计算检核。

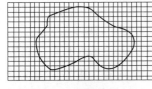

图 8-25　透明方格纸法
计算面积

对轮廓为曲线的图形进行面积估算时,可采用以折线代替曲线的方法进行估算。取样点的密度决定估算面积的精度,当对估算精度要求高时,应加大取样点的密度。该方法可实现计算机自动计算。

(2)透明方格纸法

如图 8-25 所示,要计算曲线内的面积 A,将一张透明方格纸覆盖在图形上,数出曲线内的整方格数 n_1 和不足整格的方格数 n_2。设每个方格的面积为 a,则曲线围成的图形实地面积为

$$A = \left(n + \frac{1}{2}n_2\right) - aM^2 \qquad (8\text{-}6)$$

式中:M——比例尺分母,计算时应注意 a 的单位。

(3)平行线法

如图 8-26 所示,在曲线围成的图形上绘出间隔相等的一组平行线,并使两条平行线与曲线图形边缘相切。将这两条平行线间隔等分得相邻平行线间距为 h。每相邻平行线之间的图形近似为梯形。用比例尺量出各平行线在曲线内的长度为 l_1、l_2、$\cdots$、l_n,则根据梯形面积计算公式先计算出各梯形面积,然后累计图形总面积 A 为

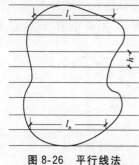

图 8-26 平行线法
计算面积

$$A = A_1 + A_2 + \cdots + A_n$$
$$= h(l_1、l_2、\cdots、l_n) = h\sum_{i=1}^{n} l_i \qquad (8\text{-}7)$$

(4)求积仪法

求积仪是一种专供在图上量算图形面积用的仪器,其优点是量算速度快、操作简便、适用于各种不同几何图形的面积量算,且能达到较高的精度要求。

二、按设计线路绘制纵断面图

在线路工程设计中,为了进行填挖土(石)方量的概算,合理地确定线路的纵坡,需要较详细地了解沿线方向的地形起伏情况,为此,可根据大比例尺地形图绘制该方向的纵断面图。

如图 8-27 所示,要沿 MN 方向绘制断面图。先在图纸上或方格纸上绘 MN 水平线,过 M 点作 MN 垂线,水平线表示距离,垂线表示高程,如图 8-28 所示。水平距离一般采用与地形图相同的比例尺或选定的比例尺,称为水平比例尺;为了明显地表示地面的高低起伏变化情况,高程比例尺一般为水平距离比例尺的 10 倍或 20 倍。然后在地形图上沿 MN 方向线,量取交点 a、b、c、$\cdots$、i 等点至 M 点的距离,按各点的距离数值,自 M 点起依次截取于直线 MN 上,则得 a、b、c、$\cdots$、i 各点在直线 MN 上的位置。在地形图上读取各点的高程,然后再将各点的高程按高程比例尺画垂线,就得到各点在断面图上的位置。最后将各相邻点用平滑曲线连接起来,即为 MN 方向的断面图。

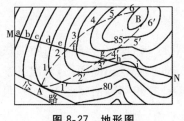

图 8-27　地形图

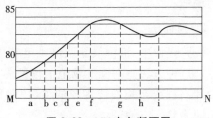

图 8-28　MN 方向断面图

三、按限制坡度绘制同坡度线和选定最短线路

在道路、管线等工程的规划中,一般要求按限制坡度选定一条最短路线或一等坡度线,可以在地形图上完成此项工作。

如图 8-27 所示,地形图比例尺为 1：2000,等高距为 1m,要求从 A 点到 B 点选择坡度不超过 7% 的线路。为此,先根据 7% 坡度求出相邻两等高线间的最小平距 $d=h/I=1/0.07=14.3m$,在 1：2000 地形图上为 7.1mm。将分规卡成 7.1mm 的长度,以 A 为圆心,以 7.1mm 为半径作弧与 81m 等高线交于 1 点,再以 1 点为圆心作弧与 82m 等高线交于 2 点,依次定出 3、4、…、6 各点,直到 B 点附近,即得坡度不大于 7% 的线路。在该地形图上,用同样的方法还可定出另一条线路 A、$1'$、$2'$、…、$6'$,作为比较方案。这时比较两条路线的长度就可以得出一条最短的线路。

在实际工作中,要最后确定这条线路,还需综合考虑地质条件、人文社会、工程造价、环境保护等众多因素。

四、确定汇水面积

当道路跨越河流或沟谷时,需要修建桥梁或涵洞。桥梁或涵洞的孔径大小,取决于河流或沟谷的水流量,水的流量大小又取决于汇水面积。地面上某区域内雨水注入同一山谷或河流,并通过某一断面(如道路的桥涵),这一区域的面积称为汇水面积。汇水面积可由地形图上山脊线的界线求得,山脊线和设计断面线所包围的面积,就是设计桥涵的汇水面积。

五、平整场地中的土石方量计算

1. 等高线法

在图上先量出各等高线所包围的面积,相邻两等高线包围的面积平均值乘以等高距,即为相邻两等高线间的体积(即土方量),再求和即为总土方量。

等高线法可用于估算水库的库容量,也可用于地面起伏较大且仅计算挖方量的场地。

2. 断面法

线路建设中,沿中线至两侧一定范围内带状区域的土石方量常用断面法来估算。这种方法是在施工场地的范围内,以一定的间隔绘出断面图,求出各断面由设计高程线与地面线围成的填、挖面积,然后计算相邻断面间的土方量,最后求和即为总土方量。

3. 方格网法

该法用于地形起伏不大的大面积场地平整的土石方量估算。其步骤如下:

(1)绘方格网并求格网点高程。在地形图上拟平整场地范围内绘方格网,方格网的边长主要取决于地形的复杂程度、地形图比例尺的大小和土石方估算的精度要求,一般为 $10m\times10m$、$20m\times20m$。根据等高线确定各方格顶点的高程,并注记在各顶点的上方。

(2)确定场地平整的设计高程。应根据工程的具体要求确定设计高程。大多数工程要求填、挖方量大致平衡,按照这个原则计算出设计高程。

(3)计算填、挖高度。用格顶点地面高程减设计高程即得每一格顶点的填、挖方的高度。

(4)计算填、挖方量。根据方格网四个角点的高程,场地边缘界线与方格网边交点的高程,以及场地的设计高程,综合计算填方和挖方。

第九章　房　产　测　绘

第一节　房地产开发测量任务

房地产开发测量主要是通过对欲开发建设地区的测量调查,摸清规划区域范围内土地数量,房屋数量,用地类别,土地、房屋权属关系;可开发建设的土地面积;测绘出详细的平面图。用测量调查取得的各种资料,为城市开发建设,为决策者提供可靠依据。

房地产测量按其用途分两种情况。一是城市管理方面的调查,主要是调查房屋以及承载房屋的土地自然状况和权属关系,为房产产权管理、房籍管理、开发利用、征地以及城市规划建设提供数据和文档。另一种是为开发企业、摸清房屋、土地状况、开发建设和利用土地资源提供参考数据。房地产开发测量,侧重于开发建设。

房地产测量调查不同于一般工程测量,房地产测量所提供的图件、权证和各种资料,一经有关部门批准,便具有法律效力。房地产开发测量包括两项内容。

一、房地产调查

房地产调查可分为房产调查和土地调查。

(1)房产调查。房产调查是指对房屋的坐落,产权人,产权性质、类别、层数、面积、建筑、结构、用途、建成年份、权属界线等基本情况的调查。

(2)用地调查。用地调查是指对欲开发建设地区内土地的坐落,产权性质,用地类别,用地人,用地界线以及用地面积等基本状况的调查。

(3)土地可利用面积调查。土地可利用面积调查是调查在规划区域内哪些是城市规划用地,哪些是可开发建设用地,利用比例多少,需拆迁房屋与开发建设的比例是多少,为规划建设提供依据。

二、测绘房地产图

先按一定比例和精度测绘房屋及其附属用地的平面图,再把调查到的有关资料和数据绘制或标注在图上,便成为房地产图。

房地产图分总平面图、分幅图、分丘图、分户图。总平面图是全面反映规划区域房屋及其用地的位置和权属等状况的基本图,是分幅图,分丘图的基础,是全面掌握本区域内的房屋建筑,土地状况的总图。分幅图是总平面图的局部,当总图不能详细表示房屋及地形状况时,将总图分成若干幅,分幅图用大于总图的比例尺更详细地测绘出房屋及用地状况,分幅图是扩大了的总平面图。当总图可以表示清楚时,可不设分幅图。分幅图可分若干个丘。分丘图是分幅图的局部,内容更加详细,可作为房地产权证的附图。当分丘图还不能表示清楚时,则测设分户图,更详细地表示房屋及土地状况。

所谓"丘"就是指房地产测量中,用地界线封闭的地块。一个用地单位的地块称独立丘,几个用地单位组成的地块,称组合丘。

第二节　房地产测绘的特点

房地产测绘主要是为房地产开发建设提供所需的数据,有其特殊性,主要表现在以下方面:

(1)房地产图是平面图。只测绘点或建筑物的平面位置。不测高程,不绘等高线。

(2)测图比例尺较大,内容详细。房地产图比例尺:总图及分幅图一般为1∶500或1∶1000,主要根据房屋疏密程度而定。分丘图的比例尺,可根据丘的面积大小与需要,一般在1∶100~1∶1000之间选用。分户图由于表示得更详细,一般采用的比例尺为1∶50~1∶200,主要根据房屋大小和复杂程度而定。

(3)包括内容广泛。与普通地形图不同,除表示房屋及用地等地物的平面位置外,还要表示其数量、用途、权属等状况,而这些内容还必须经过调查核实才能确定。

(4)精度要求高。所测数据都与经济利益有关,因此,对房屋面积、权界线、地界线的测量精度要求较高。测图上主要地物点的点位中误差,不超过0.5mm,次要地物点的点位中误差不超过0.6mm。对重要的房地产要素,如界址点、建筑物边长、用地边长还要进行实地测量,以满足面积计算和界线界定的要求。

(5)具有法律效力。房地产图和各种数据,一经确认,即具有法律效力,是日后进行各项工作的依据。

第三节　界址点的测量

一、界址点的确定

界址点又称地界点。地界点是在实地确定地界位置的。为了准确划定房屋及用地界线,计算土地面积,减少和防止发生用地纠纷,确定地界点时,必须由相邻用地单位(或个人)双方合法指界人到现场指界。单位使用的土地要由单位法人代表到场指界,组合丘用地,要由该丘各户共同委派代表指界。房屋用地人或法人代表不能亲自到场,应由委托的代理人指界,并且均需出具委托书和相关证件。

界址点之间连线,即为权属分界线,是相邻双方在实地认定的界线,应共同恪守。界址桩应采用永久性桩位,以便长期保存。双方认定的界址,必须由双方指界人在用地调查附图上签字盖章,作为文件存档。

地界范围不仅要得到相邻用地单位的认可,还须得到土地部门和城市规划部门的认可。

二、界址点的测量方法和精度要求

界址点的测设,可采用独立坐标系或统一坐标系。采用的坐标系一般应与城市坐标系相连接,以便统一规划管理。

《房产测量规范》规定,界址点的测量精度可分为三个等级。一级界址点相对于邻近基本控制点的点位中误差应不超过 0.05m,二级界址点的点位中误差应不超过 0.1m,三级界址点的点位中误差应不超过 0.25m。

房地产测量的特点是在城镇建筑群中进行,多为狭长街道,无法布设附合导线,只能布设支导线,规范规定,为保证一、二级界址点的精度,必须用实测的方法求得其解析坐标。一般一级界址点采用一级导线测量方法测定,二级界址点采用二级导线测量方法测定。边长丈量较差相对误差应不超过 1/10000。此误差高于房产测量规范规定的一、二级界址点的精度要求。

规范规定三级界址点可采用野外实测法,也可采用航测图内业量距法求其坐标。在图上量距时读尺精度应读至 0.1mm,加上图上主要地物点本身的误差约为 0.5~0.75mm,取其平均值为 0.5mm,如在 1:500 的测图上,0.5mm 基本上相当于 0.25m,符合规范要求。故三级界址点在大于 1:500 的测图上可采用内业量距法。实测法可采用大平板测图法,小平板配经纬仪联合测图法,以及小平板配皮尺测图法测设。

界址点按其用途大致分为:开发区域用地边界界址点;分丘界址点;兼做测图图根界址点。对于大、中城市繁华地段和重要建筑物的界址点,用地边界界址点,一般采用一级或二级,其他次要地段可选用三级。点位精度的选用应根据其所在位置的重要性和土地价值以及对城市规划建设的影响程度而定。

界址点测量完成后,要绘制平面简图,标注点位的平面位置,按一定顺序对每个点进行编号并绘制界址点测量成果表,把各点坐标值标注清楚,装订成册,以备查用。

第四节 房产分幅图和分丘图的测绘

一、施测前的准备工作

房地产开发企业对开发区域测量调查的目的是为了摸清开发区域内房屋数量、土地数量、权属关系的基本状况。测算出拆迁补偿、土地利用等综合效益指数,以便规划建设。

首先要收集有关资料有:城市规划部门航测图、有实用价值的街区平面图、各房屋用地单位房屋用地平面图。利用原有资料,可获得很多数据,缺的补测,废的删除,能减少很多测绘工作量。

二、分幅图包括的基本内容

(1)测量控制点、界址点、导线图根点是测图的依据,要展绘在图面上,注明点位的编号及坐标。

(2)分幅图在测区范围内应是完整的街区平面图,注有街道的地理名称。

(3)丘界线是指各丘房产及用地范围的界线,是分幅图上的重要内容。每个丘都应在图上注记,不能遗漏。按一定顺序对丘进行编号。无争议的丘界线用粗实线表示,有争议的用虚线表示。丘内标记的内容繁简适度,分幅图中不能表示清楚时,另设分丘图。丘界线及丘内内容应与房屋及用地使用人的图件相一致,如有变更之处应以现状为准。

(4)房屋,各种房屋的平面位置、结构、用途应表示清楚,房屋只绘外轮廓线。注明相关数据。

(5)围护物,围护物指围墙、栅栏、篱笆等。围护物与丘界线重合时,用丘界线表示。

(6)其他,如水塔、烟囱等附属设施,临时性建(构)筑物可不表示。

三、丘、房屋在图上的表示方法

丘、房屋需标明的内容很多,用文字表示图面注记过密,因此,用固定的代号进行注记既方便快捷、又能保持图面整洁。各种代号全图必须统一,并在图上绘出图例,以备对照使用,参见图 9-1。具体表示方法如下:

(1)丘、幢、门牌号

(35)—丘号、(35-2)—丘支号、37—门牌号、(2)—幢号。

（2）房屋产权分类

1—直管公产、2—自管公产、3—私产、4—其他产。

（3）结构分类

1—钢结构、2—钢、钢筋混凝土结构、3—钢筋混凝土结构、4—混合结构、5—砖木结构、6—其他结构。

（4）用途分类

—住宅、—医疗、—工企单位、—办公、—商服、—……。

表示方式为：

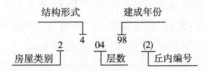

上式表示该房屋为自管公产，混合结构，共 4 层，1998 年建成，丘内第 2 幢。房屋的主要要素及编号综合示例图如图 9-1 所示。

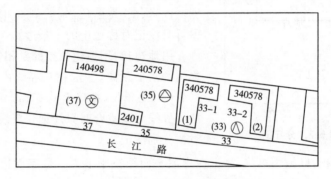

图 9-1 房地产分幅图

以上图中 33 号为例，该房屋坐落于长江路 33 号，（33）为 33 号丘。（33-1）为丘支号，房屋编号第一项 3 表示私产，第二项 4 表示混合结构，第三项 05 表示共 5 层，第四项 78 表示 1978 年建成，（1）表示丘内第 1 幢，表示住宅。

四、分丘图的绘制

分丘图是以一个丘的房屋及其用地为单位绘制的图件，是房产产权证附图的基本图。每丘一张。各丘内房屋及用地产权要素，是确定权属的依据，分丘图具有法律效力，是保护产权人合法权益的凭证，是拆迁补偿及各项经济核算的依据。

（1）分丘图图幅的大小以所测丘面积的大小而定。比例尺在 1∶100～1∶1000 之间选用，以能表示清楚房屋各种要素为前提。分丘图与分幅图的表示方向应一致,坐标系统应相同。

(2)分丘图的各项数据,应实地测量,丈量精度精确至0.01m,图上各种地物的取舍,做到有用的不漏,无用的不取。

(3)表示的内容应明确,不能模棱两可,界址点的具体位置、房屋权界线,共用墙体归属怎样划分要注记详细。毗连房屋共用墙体归谁所有,墙体在权界线哪一侧,就表示归哪一方所有。毗连墙体为双方共有,权界线应划在墙体中间,表示双方共有。围墙标在权界线以内,表示围墙及其用地为丘内所有。围墙标在权界线以外,表示围墙为他人所有。

(4)房屋平面几何形状比分幅图表示的更具体,房屋层数不同时应分别标记。挑出阳台、凹进阳台,封闭或不封闭,有柱迴廊、有无围护结构以及与面积有关的建(构)筑物应表示清楚。若丘内房屋较多(如一个工厂)可绘制大幅分丘图。

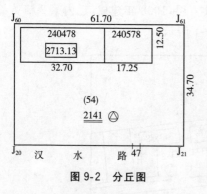

图9-2 分丘图

(5)各种尺寸的标记方法,见图9-2。

房屋边长:注记在房屋边长线的中部外侧。以米(m)为单位,精确到0.01m,矩形房屋可只注记对称边中的一条边。

用地边长:用地边长指的是相邻两地界点之间的水平距离,注记在丘界线中部的外侧,以米(m)为单位,精确至0.01m。用地界线与房屋界线完全重合时只注记丘界线,部分重合时要分别注记。

房屋面积:以幢为单位,注记在房屋平面图正中下方。数字周边圈以方框。以平方米(m²)为单位,精确至0.01m²。

用地面积:标记在丘号下方正中,下面画两道粗实线,以平方米(m²)为单位,精确至0.01m²。

(6)丘的四邻做简要标记,以便互相对照使用。

第五节　分层分户图的绘制

房屋分层分户图(简称分户图),是指一幢建筑中,有多个产权人时,以一户产权人为单位,分层分户地表示出房屋权属范围的细部图。用以作为房屋产权证件的附图。分户图是比分丘图更详细的平面图。

(1)绘制分户图时,要收集房屋使用人的房屋产权证或房屋承租证,在原证件的基础上,再实测各种数据,进行复核。

（2）房屋面积分为使用面积、公摊面积、建筑面积。三种面积均应标记清楚，尺寸标在室内，以示净面积，丈量精确至 0.01m，面积精确至 0.01m²。

（3）绘制平面简图，如图 9-3。

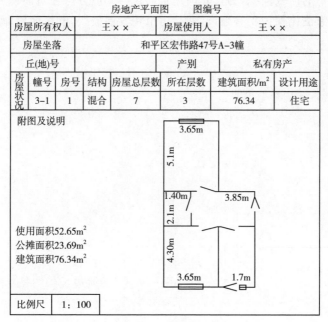

房地产平面图				图编号			
房屋所有权人		王××		房屋使用人		王××	
房屋坐落		和平区宏伟路47号A-3幢					
丘(地)号				产别		私有房产	
房屋状况	幢号	房号	结构	房屋总层数	所在层数	建筑面积/m²	设计用途
	3-1	1	混合	7	3	76.34	住宅

附图及说明

3.65m
5.1m
1.40m　　3.85m
2.1m
4.30m
3.65m　　1.7m

使用面积52.65m²
公摊面积23.69m²
建筑面积76.34m²

比例尺　1:100

图 9-3　分户图示例

分户图要标记房屋坐落位置，街区门牌号，分幅图号、丘号、幢号、单元号，楼层以及户号等有关的自然状况。

第六节　房产图面积计算原则

为确定产权人的产权，房产图应对有关建筑的水平面积测算清楚。

（1）房屋的建筑面积。为房屋外墙（柱）勒脚以上各层外围水平投影的面积之和，包括阳台、挑廊、地下室、室外楼梯等。

（2）房屋的产权面积。为产权主依法拥有所有权的建筑面积，由市、县房产主管部门登记确认。

（3）房屋共有分摊面积。为各产权主共同占有或使用的建筑面积。如楼梯间、共用廊道、电梯（观光梯）井、垃圾道、管道井、屋顶层高 2.20m 以上的楼梯间、水箱间、电梯机房等永久性建筑。

（4）房屋共有面积的分摊计算。如有权属分割协议或文件时，一般按各户占有房屋面积比例分摊给各户。其计算公式为：

$$某户应分摊的建筑面积 = \frac{共有分摊建筑的总和}{各户房屋建筑面积总和}$$

显然某户的产权面积，为其套内建筑面积与其应分摊建筑面积之和。

现在国家法律保护私有财产，商品房市场发展极快，购房面积即为购房人的产权面积。

19.4